# 带着大宝怀二宝

## 二胎家庭孕育手册

周训华　主编

北　京　出　版　社
北京美术摄影出版社

图书在版编目（CIP）数据

带着大宝怀二宝 ：二胎家庭孕育手册 / 周训华主编. —
北京 ：北京出版社 ：北京美术摄影出版社，
2019. 1
ISBN 978-7-200-14464-2

Ⅰ. ①带… Ⅱ. ①周… Ⅲ. ①妊娠期 — 妇幼保健 — 手
册②婴幼儿 — 哺育 — 手册 Ⅳ. ①R715.3-62
② TS976.31-62

中国版本图书馆 CIP 数据核字 (2018) 第 253615 号

策　　划：深圳市金版文化发展股份有限公司
责任编辑：张　浩
助理编辑：刘　莎
责任印制：彭军芳

带着大宝怀二宝

二胎家庭孕育手册

DAIZHE DABAO HUAI ERBAO

周训华　主编

出　版　北京出版社
　　　　北京美术摄影出版社
地　址　北京北三环中路 6 号
邮　编　100120
网　址　www.bph.com.cn
总发行　北京出版集团公司
发　行　京版北美（北京）文化艺术传媒有限公司
经　销　新华书店
印　刷　鸿博昊天科技有限公司
版印次　2019 年 1 月第 1 版第 1 次印刷
开　本　787 毫米 × 1092 毫米　1/16
印　张　10.5
字　数　150 千字
书　号　ISBN 978-7-200-14464-2
定　价　49.00 元

# 前言

为什么要生二孩？一直都想生，好不容易现在政策允许了，我得抓住这个好时机；周围的人都在忙着生二孩，我也要随大溜；大宝一直吵着要我给他生个弟弟或妹妹……

在决定生二孩的那一刻，或许你已经有了深思熟虑的安排，或许你想顺其自然。无论如何，随着第二次好“孕”的降临，你可能会逐渐发现，在孕育二胎的幸福背后，作为母亲，你要承受再次孕育生命的艰辛，努力平衡工作与家庭的责任，尽力照顾大宝的情绪……或许还有更多意想不到的麻烦等着你去处理。

然而，孕育生命的过程原本就充满了惊喜和挑战，与其担忧可能出现的问题会如何艰难，不如尽早做好各方面的准备，在问题出现之时，便能更轻松地解决。当你翻开这本《带着大宝怀二宝：二胎家庭孕育手册》，并慢慢读下去，你会发现，它就像你的一位好朋友，细心地提醒你从备孕到坐月子期间需要注意的大事小事。除此之外，书中针对孕期如何照顾大宝的情绪，产后如何引导大宝爱上二宝，让俩宝和谐相处等问题，都给出了具体的建议。

相信有了本书的陪伴，在孕育二胎的过程中，妈妈们会更轻松。

# 目 录

## 第一章 备孕二胎，全家要齐心协力

## 第四章　父母多用心，让 1+1 ＞ 2

### 一、父母是家庭教育的关键



### 二、构建俩宝之间的和谐

# 第一章

## 备孕二胎，全家要齐心协力

在二孩政策全面放开之后，越来越多的父母进入备孕二胎的大军中。然而，备孕二胎并不是一朝一夕的事情，需要准妈妈做好衣食住行以及心理等各方面的准备，对未来充满信心。那么，妈妈们是否真的已经准备好迎接二胎的到来了呢？接下来和大家一起细数一下孕前的准备工作有哪些。

# 一、应慎重决定是否要二胎

你真的准备好要二胎了吗？生养二宝并不是一件简单的事情，需要综合考量身体条件、经济因素、时间和精力因素，以及由谁照顾孩子等多方面的问题，需要夫妻双方先做好心理准备，然后再做决定。

## 1 要不要二胎，不能由别人决定

你可能只是单纯地因为太喜欢孩子而想再生一个；也可能是因为觉得大宝一个人太孤单，想给孩子找个伴儿；或是觉得未来养老压力大，两个孩子好分担；再或是想要通过生二孩来解决独生子女的教养问题……不论怎样，要不要二胎，决定权应该在夫妻双方。千万不要为了应付长辈的催促，或是觉得身边的朋友都要二胎了，自己不能落下等理由而草率决定。毕竟，孩子是父母的责任，夫妻双方需要根据自己的实际情况，如对经济、时间、精力、心理等方面进行综合考量，确定自己已经准备好去接受第二个孩子诞生后所带来的各种挑战，然后再准备要二胎。

## 2 怀二胎前，要先检查自己的身体

秉承着对自己负责、对胎儿负责的态度，想要二胎的夫妻请一定要先“征求”身体的“同意”。很多想要二胎的女性通常已经过了最佳生育年龄，体内各脏器功能减弱，发生畸胎的概率要远远高于适龄产妇，在怀孕和分娩过程中，出现风险的概率也增大了。妇产科专家建议，在准备要二胎之前，夫妻二人都要做检查，尤其是女方，应提前半年到医院做相关的检查和评估。检查内容包括对心、肺、肝、肾等脏器功能的评估，对生殖系统尤其是卵巢和子宫功能的评估。有遗传病史的夫妻，更不能忽视产前筛查。如果通过检查和医疗评估，发现身体方面确实有问题存在，则应该尽量综合产科、外科、内科、妇科等方面的意见，一起评估生育二孩的可行性，以保证安心孕育、安全生产。

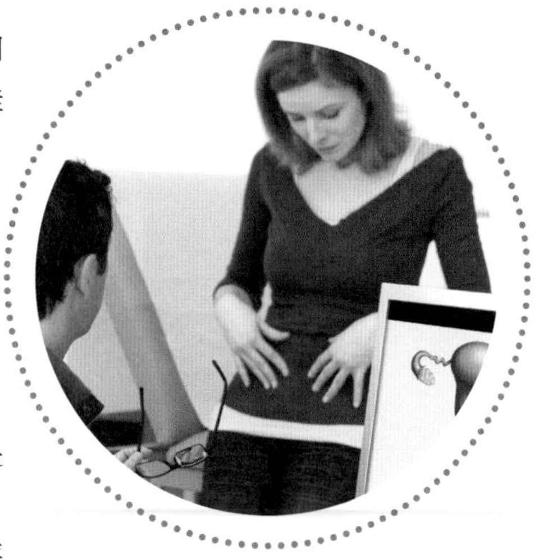

## 3 做好养育两个孩子的心理准备

生二宝并不是单纯的“1+1=2”的问题，更多的是要考虑到二宝出生后整个家庭都可能会面临一系列问题，夫妻双方都应做好充分的心理准备。二胎妈妈要做好心理准备——是否愿意接纳另一个小生命的降临？是否有足够的信心和勇气再一次面对孕产过程？是否准备好同时照顾两个宝宝……对于二胎爸爸来说，可能需要在家庭上耗费更多的时间和精力，可能面临更多的经济压力、更多的家务等，这些都需要提前做好心理准备。另外，夫妻双方还需考虑到双方父母以及大宝由于新生命的降临，可能会面对的问题。

## 4 经济条件也是需要考虑的因素

虽然不一定要很有钱才能要二胎，但是要二胎确实意味着会有更多的经济支出，经济条件是二胎家庭不得不考虑的一个问题。如果经济没有保障就要二胎，当第二个孩子出生后，可能无法给予他高质量的生活环境，自己的生活质量也会下降。因此，夫妻在准备要二胎前，一定要先对自身的经济能力有一个合理的评估，并制订合理的经济计划。

## 5 综合考虑养家和带孩子的问题

在生第一个宝宝的时候，很多人的想法是，孩子出生后哺育几个月，之后就交给家里的老人照看。但有了第二个孩子就不同了，姑且不说老人有没有替子女照顾孩子的义务，如果能帮忙自然更好，但有大宝的存在，家中老人可能也没有更多的精力再帮忙带第二个小宝宝了，这就意味着夫妻当中有一个人需要拿出主要精力来带孩子或是请保姆。无论是哪种情况，家庭支出都要比以前多出许多。谁来带孩子，谁来赚钱养家，如果既没有钱，又没有精力，该如何处理，如何才能兼顾事业和家庭，这些都是夫妻需要提前考虑好的问题。

## 6 夫妻双方要统一意见

对于要不要二胎的问题，夫妻双方意见一定要统一。现实中，有的妻子喜欢孩子，但丈夫因为工作压力或养家负担，不太愿意再生；或者有的丈夫特别爱孩子，而妻子因为身体状况而不太想再生。如果夫妻双方不沟通，仅凭个人喜好做决定，是对另一半和整个家庭的不负责。孩子出生后，面对各种育儿琐事，夫妻双方可能还会产生互相埋怨的心理，不利于整个家庭的和谐。要不要二胎，最好是夫妻双方认真沟通、全面考量后再做决定。

# 二、怀二胎前要先与大宝沟通

多一个孩子，对大人来说，可能是欣喜与压力并存，而对于习惯独自享有爸爸妈妈全部宠爱的大宝来说，可能会有种领地被侵犯的感觉，容易导致其心理失衡，继而引发一系列的问题。因此，在准备要第二个孩子时，不要忽视大宝的心理。

## ❶ 与大宝一起商量是否要二宝

找一个适当的时机和大宝谈一谈，一定要将大宝当作大孩子般对待，一起商量是否要弟弟或妹妹。不论他的意见是否成熟、有用，都要显得非常重视。

也许你会想，孩子才那么大点儿，他真的明白吗，能参与做决定吗？一般来说，如果孩子超过 2 岁或者更大，他们就已经有了自我意识，独占欲也比较强，很容易感知到自己与父母之间的关系会因为弟弟或妹妹的到来而产生微妙改变。如果没有提前给他“打预防针”，孩子容易变得对立且具有破坏性，对父母的依恋程度也会降低。从另一个角度来说，大宝也是家中的一分子，怎能不让他参与做决定呢？更何况，让大宝参与做决定，还有其他诸多好处。

◆被父母征询意见，还煞有介事地参与讨论，会让大宝觉得自己很重要，会有一种使命感，也更看重自己，并慎重发言。

◆大宝会有时间做足够的心理准备，学会接纳弟弟或妹妹，学会与弟弟或妹妹一起分享父母的爱，父母在教养方面也会轻松很多。

◆大宝从小参与讨论做决定，有助于养成民主的精神，学会如何观察，如何参与，如何讨论，如何做决定。

当你和大宝商量以后，大宝的意见可能是赞同，也可能是反对，不论如何，家长都应该重视，但也不能因为一两次的对话就匆忙做出决定。

如果大宝赞同，并不意味着你可以放心准备二宝的到来，孩子毕竟还小，可能并没有完全弄清楚二宝的到来对他而言真正意味着什么，此时，家长应试着多告诉他二宝到来后，他需要面对的问题，再引导他接受二宝。如果大宝反对，家长也不必过于担心，应细心了解孩子反对的原因，并在生活中多加暗示，消除大宝的担心，适时引导，增强他对二宝的喜爱。如果孩子无所谓，作为家长也应该认真地告诉孩子在二宝到来之后他会遇到的真实情况，帮大宝做好心理准备。

## 2 适时引导大宝的情绪和态度

无论大宝此时此刻的决定如何，对于二宝的到来，他都需要一定的适应时间。在这期间，家长需要对大宝进行正确引导，并积极摸索让大宝更易适应的方式。

### 给大宝更多的关注

从决定要二胎开始，父母就要善用机会，给大宝更多的关注，多陪伴大宝，多和大宝玩耍，让他觉得父母并没有因为要生弟弟或妹妹，就减少对他的关注或爱。比如，在身体允许的情况下可以带大宝一起出去旅行，气候适宜时一家人去外面野餐等。这样可以降低大宝对二宝来临所产生的压迫感，使他放松和安心。在玩乐的过程中，还可以适时对大宝说，将来弟弟或妹妹出生了，就可以和哥哥（或姐姐）一起玩耍了。

### 让大宝参与二宝的孕育过程

在怀二胎时，妈妈可以多找机会让大宝参与孕期生活的点点滴滴，让他更为真切地感受到二宝的存在，感受生命是如此可爱、神奇，让他充满喜悦。妈妈可以引导他通过触摸妈妈的肚子或是隔着肚子和二宝对话等，让他和二宝一起“玩耍”，早早地培养感情；妈妈还可以教大宝每天读故事或编故事给二宝听，和大宝一起给弟弟或妹妹起名字等。借着这样的互动，当二宝出生后，大宝所获得的对生命的惊喜是难以描述的，会更容易接受二宝的到来。

除此之外，家长还可以通过一些日常的生活细节，潜移默化地影响大宝。比如，在决定要二胎之后改变对大宝的称呼，可以叫大宝“哥哥”或“姐姐”，这会让他有一种自豪感和责任感；也可以选择一些介绍新生宝宝或兄弟姐妹相处的故事书读给大宝听；还可以经常带着大宝去已经有两个宝贝的家庭串门，使其近距离地接触二宝，了解别的小朋友是怎么同弟弟或妹妹相处的。

# 三、怀二胎的合适时机

随着年龄的日益增长，人的身体素质也在逐年下降，很多女性都觉得越早生二孩越好。这种心情可以理解，既然决定生了，也确实是抓紧为要，不过也要看时机是否合适，这样才更利于优生优育。

## 1 顺产后多久可以怀二胎

第一胎顺产的妈妈，怀三胎通常没有太严格的时间限制，一般产后一年左右就可以考虑怀二胎。如果妈妈们在哺乳，应在大宝断奶后再准备怀孕。在怀孕期间，孕妈妈应保持良好的生活习惯，做好营养储备，用正确的调养方式使母体尽快恢复到产前的健康状态。再次怀孕前，需做孕前检查，查看子宫、卵巢、输卵管等生殖器官的功能是否正常。

## 2 剖宫产后多久可以怀二胎

第一胎是剖宫产的妈妈，两年之内最好不要孕育第二胎。经历过剖宫产的子宫属于瘢痕性子宫，在怀二胎时发生瘢痕妊娠的概率会增加，出现前置胎盘的可能性更大。如果在剖宫产后两年之内或是更短的时间内再次妊娠，子宫切口尚没有愈合好，在妊娠晚期或分娩时容易发生瘢痕裂开，导致子宫穿孔或破裂，造成大出血，甚至危及宝宝和妈妈的生命安全。

剖宫产之后的第二次孕育，一定要等到子宫刀口长得趋于完好之后再考虑。为了保险起见，最好在两年之后再备孕二胎。两年的时间足以使身体健康的女性子宫刀口的瘢痕组织愈合得很好，可以降低再次分娩时的风险。另外，在正式启动二胎“造人计划”前，最好先到医院检查子宫瘢痕的愈合情况，在怀孕后也应积极检查，了解胚胎着床的位置。在孕中、晚期，如果出现胎动不好、腹痛、频繁宫缩等，应尽早到医院检查，提前住院待产。

虽然我们建议两年后再考虑二次孕育，但也并不是说两胎间隔的时间越久越好。随着年龄的增长，人体的各项机能都在衰退，子宫瘢痕也会随着身体机能的衰退而受到影响。剖宫产时间超过 6 年，子宫切口处的瘢痕会逐渐变薄，肌纤维会变成结缔组织，张力变差，发生子宫破裂的可能性会增加，所以，一般建议想要二胎的妈妈在剖宫产后的 2～6 年内再生育，间隔时间太短或太久都不好。

在计划外的这段时间之内，夫妻二人一定要做好避孕措施，并尽量选择屏障避孕法。常见的有：避孕套、阴道隔膜、宫内节育器、皮下埋植剂、长效避孕针、阴道避孕药环、避孕贴片、外用避孕药（杀精剂）、口服避孕药等。在备孕二胎时，也应注意留有一定的时间间隔，帮助身体恢复到可以怀孕的状态。比如，若服用长效避孕药避孕，应在停用避孕药 6 个月之后再怀孕，其间可用避孕套避孕；若是使用阴道避孕药环避孕，在停止使用之后，宜等 3 个月后再怀孕；若使用宫内节育器避孕，可在月经干净后 3～7 天后取出，并经过 2～3 个月经周期后再怀孕，给子宫内膜一个恢复的时间。

## 3 流产后多久可以怀二胎

流产后不要急于马上再次怀孕。因为即使流产了，身体也已经进入了一个怀孕的过程，各器官也为适应怀孕而发生了相应的变化，需要一定的时间来恢复，最好等半年到一年的时间再怀孕较好。

等待半年以上的时间，女性的身体可以得到充分的调养，生殖器官得到充分的休息，有利于优生优育。如果第一次流产是身体疾病或孕卵异常所致，那么还要适当延长两次妊娠的间隔时间。再次备孕时，可在医生的指导下进行科学的孕前检查，尤其应重视生殖系统的相关检查，并将自身与流产相关的事宜详细告知医生作为参考，如流产原因、流产时间，以及是否有后遗症等，以帮助医生做出准确的判断。

## 4 两个宝宝的年龄差多少合适

家有俩宝，两个孩子之间的年龄差最好在两岁以上，考虑到妈妈的身体以及工作等原因，两个孩子的年龄差最好不要超过四五岁。不过，具体还需根据家庭的实际情况而定。如果妈妈属于高龄产妇，则可以考虑缩短年龄差；如果妈妈因为身体原因需要调养，也可以适当增加年龄差。对于孩子本身而言，相差的年龄或大或小也各有优点，父母可在综合考虑之后再做决定。

### 相差两岁以内

年龄相差小，大宝尚年幼，更容易适应家中新添的成员，因为大宝还没有形成自己的地位会发生变化的意识。而且年龄越接近的孩子，越容易成为玩伴，一起成长，有利于家庭的团结。不过，由于年龄接近，两个孩子为了玩具、朋友、感情等各种问题打架、吵闹的概率也高，尤其是当二宝会走路、会说话之后，情况会变得更严重。至于孩子的照看问题，也许有人会认为，照顾一个孩子和照顾两个孩子在生活上没啥差别，但这只是“你认为”而已，实际操作起来会非常累，特别是在孩子还小时，要同时照顾两个什么都不会的宝宝，对妈妈身体的恢复以及宝宝的健康等都会有影响。

### 相差两三岁

两个宝宝的年龄相差两三岁是较为常见的情况，也是较为适宜的选择。年龄相差不大，两个宝宝可以成为很好的伙伴，而且大宝也有了一定的“责任”意识，觉得自己是“老大”，应该要带好弟弟或妹妹，这对于两个孩子的感情培养很有帮助。但手足竞争的现象依然存在，冲突的发生往往会随着两个孩子年龄的增长而愈演愈烈。不过，凡事利弊相随，在发生冲突和争执的同时，也给他们提供了学习解决问题的机会，而且这种能力是非常宝贵的。对于妈妈而言，2～3年的时间，也可以让妈妈在两次怀孕间有充足的时间做准备。虽然因为要同时照顾两个小宝宝，爸爸妈妈的生活会非常辛苦，不过，当二宝逐渐长大，脱离了换尿布、喝奶等琐事时，爸爸妈妈会感觉这一切都是值得的。

### 相差4岁左右

两个孩子的年龄相差三四岁，意味着当大宝上幼儿园时，妈妈怀二胎后会有更多的时间照顾肚子里的宝宝。等到二宝出生时，大宝已经三四岁了，自理能力得到提高，父母能腾出更多的时间去照顾更小的孩子。而且，只要父母正确引导，大宝会对二宝的到来充满兴趣，也很容易充当起照顾小宝宝的角色。随着孩子渐渐长大，大宝也会在学习和生活中给予二宝更多的照顾和引导，发生矛盾冲突的情况也较少，能帮爸爸妈妈省去不少烦恼。

### 相差5岁以上

如果两个孩子之间的年龄相差5岁以上，大宝已经有了自己的想法，且由于习惯了被全家宠爱的状况，会容易产生抵触情绪，因为他觉得自己的家庭地位被新来的宝宝霸占了。在日常生活中，他们没有共同语言，可能不愿意分享玩具或者朋友，长大后彼此没那么亲近。从另一个角度来说，作为父母，想要同时满足不同年龄段孩子的需要也是非常困难的，孩子的教养问题也是一个重点和难点。所以，如果在想要二胎时大宝已经5岁以上了，父母一定要做好大宝的沟通工作和心理辅导，让大宝从心底接受二宝，为以后两个孩子的相处打好基础。

# 四、孕育二胎，养好身体是基础

尽管怀第一胎时很顺利，孩子出生后也很健康，但在准备要第二个孩子之前，还是需要做孕前检查，调养好身体，而且夫妻双方都要注意对身体的保养，以保证孕育工作的顺利进行。

## 1 生完头胎后，妈妈的身体会发生什么变化

生完第一胎后，女性的身体通常会出现较大的变化，虽然这些变化大部分都是暂时性的，但如果没有调养好，对孕育二胎也会产生不利影响，尤其是生殖系统方面的变化。

| 身体部位 | 变化情况 |
| --- | --- |
| 子宫及子宫颈 | 产后过度伸展的子宫组织会逐渐复原，若恢复不好，则容易出现子宫脱垂的现象。生完第一胎之后，女性的子宫颈会皱起，变成像袖口一样的形状，产后 7～10 天后便会恢复到原来的形状。之后，宫颈口关闭，从未生产时的圆形变成经产后的横裂形。 |
| 阴道 | 生完第一胎后，阴道的前壁会增长 0.5～1.2 厘米，后壁会增长 1.0～2.0 厘米。阴道深部肌肉、筋膜、神经纤维等可能会因为分娩而发生损伤，阴道和阴道外口的支持组织弹性也会有一定程度的减弱，产后会慢慢恢复。 |
| 骨盆肌肉群 | 产后，盆底肌、括约肌会有一定程度的损伤，需要经过 4～6 周才能恢复。如果恢复不良，可能会出现咳嗽时漏尿或膀胱控制力减弱的情况，应重视产后对盆底肌的锻炼。 |
| 月经 | 产后月经的恢复表明身体已经开始排卵了，但月经周期可能会发生变化，经量也会比以前有所增多。出现这种情况时，可先观察一段时间，暂时不用治疗。但如果一直不能恢复正常，则需在医生的指导下进行调理和治疗。 |
| 乳房 | 有些女性在第一胎产后可能会出现乳房下垂的现象，一般来说，只要注意产后乳房的护理与保健，科学哺乳，一定能让胸部再次丰满傲人。 |

## 2 备孕妈妈体重过高会有什么麻烦

多数女性在生完第一胎后，都会觉得自己胖了一圈，虽然在产后会有一定程度的恢复，但如果孕期体重增长过多，月子期间营养过剩，再加上产前、产后运动较少，体重自然会居高不下。而且，随着年龄的增长，女性身体的基础代谢率下降，身体也更容易发胖，这对于备孕二胎来说，是极为不利的。

### 孕前体重过高的危害

即便对于没有怀孕的女性来说，肥胖也是影响健康的重要因素。怀孕后，肥胖更是威胁孕妇、胎儿以及新生儿健康的主要危险因素之一。孕前肥胖程度越高的女性，受孕能力越低，孕期患妊娠并发症（如妊娠高血压、妊娠期糖尿病等）及早产的危险越高，出现难产和产后并发症的概率增加，宝宝长大以后患糖尿病、高血压、冠心病等慢性病的概率也会增加。

### 孕前应将体重控制在标准范围内

想要顺利怀二胎，孕前就要有意识地控制好体重。目前，国际上通常用体重指数（BMI）来衡量体形胖瘦与健康的关系。

$$体重指数（BMI）= 现有体重（千克）÷[身高（米）]^2$$

中国成人的标准体重范围即 BMI 值为 18.5～23.9，值大于或等于 24 均属于超重，大于或等于 28 属于肥胖。BMI 数值越大，肥胖程度越高。在生完第一胎之后，通过计算 BMI 得出体重过重的女性，应注意减肥，将体重控制在标准范围之内。

例如，身高 164 厘米、体重 58 千克的女性，其体重指数约为 22，属于正常范围；身高 160 厘米、体重 65 千克的女性，其体重指数约为 25，属于超重，应注意适当减肥，将体重控制在 61 千克以内。

一般来说，孕前体重主要是从饮食与运动两个方面进行控制，同时要注意保持良好的作息与生活习惯。但也需注意，不要过度节食或锻炼，只有保持恰当的脂肪比例，才有利于宝宝的顺利降生。

## 3 妈妈有瘢痕子宫，怀二胎有风险吗

有些女性在生第一胎时选择了剖宫产，或是此前进行过子宫肌瘤摘除术及子宫畸形矫正术等妇产科手术，容易出现瘢痕子宫。有瘢痕子宫的女性比非瘢痕子宫的女性怀孕难度要大，且孕期风险也要比非瘢痕子宫的女性高。

### 有瘢痕子宫的妈妈在怀孕时可能会出现的妊娠风险

瘢痕妊娠：在孕早期，妊娠囊没有着床在正常的子宫腔内，而是着床于前一次剖宫产所留下的子宫瘢痕处，胚胎植入后不能正常生长或流产，也可能穿透子宫瘢痕直达血管，引起子宫着床处大出血，甚至危及孕妇生命。

子宫切口处瘢痕破裂：随着怀孕周数的增加，子宫体积增大，宫腔内压力增加，子宫下段肌层变薄，肌纤维拉长，这时如果之前的瘢痕处愈合不良，子宫肌层薄弱，弹性差，就有可能会发生肌纤维断裂、子宫瘢痕处破裂。

产后出血：原子宫切口瘢痕化后会缺乏弹性，收缩力差，容易出现子宫下段收缩不良，当再次剖宫产时可能会引起子宫大出血，这时发生手术损伤、感染的概率会大大增加。

### 瘢痕子宫二胎孕育应对措施

◆一胎剖宫产者，最好在两年后再怀孕；有子宫肌瘤摘除术病史者，应在术后至少间隔半年左右再考虑受孕。

◆做好孕前检查和咨询，并重点关注子宫瘢痕处的愈合情况、月经恢复情况等，安全孕育。

◆孕期需通过 B 超了解胚胎在子宫内的种植情况，如果胚胎种植在瘢痕附近，需严密观察，并制订适宜的处理方案。

◆孕期要保持合理的体重增长，同时注意监测胎儿的大小，观察腹痛及胎动情况，定时产检。

◆首次妊娠行剖宫产，第二次分娩也多选择剖宫产，若选择剖宫产，则在孕 39～40 周进行较为理想。

## 4 高血糖，怀二胎时不可忽视的问题

有调查显示，在中国，妊娠期糖尿病的发生率为10%～13%，当再次妊娠时，糖尿病的复发率高达33%～69%。对于准二胎妈妈来说，由于年龄偏大、身体机能下降、新陈代谢缓慢，患妊娠期糖尿病的风险更大，尤其是35岁以上的高龄二胎妈妈。研究发现，年龄在40岁以上的孕妇发生妊娠期糖尿病的危险是25岁时的5～8倍。

妊娠期糖尿病会对孕妇及胎儿产生多种不良影响，容易造成流产、妊娠期高血压、早产、产后出血、巨大儿、畸形儿、新生儿呼吸窘迫综合征、新生儿低血糖等，必须引起重视。

◆在备孕二胎时，最好先到医院检查一下血糖，尤其是有妊娠期糖尿病史或家族糖尿病史的女性，需等血糖控制稳定后再怀孕，以降低患妊娠期糖尿病的概率。

◆在备孕二胎时，要从一开始就注意控制体重和血糖，尤其要对饮食进行合理控制，并适度运动，避免血糖飙升。

◆在整个孕期都需要对饮食进行控制，尤其是偏胖的孕妈妈，一定要合理安排膳食，既要照顾到胎儿的营养需求，又要避免热量过剩、体重超标。

◆在妊娠24～28周时，要去医院进行“糖筛”，以尽早检测出是否患有妊娠期糖尿病。

◆已有糖尿病迹象的女性，如果孕期血糖明显升高且不能通过饮食和运动得到控制，应咨询医生，在医生的指导下进行胰岛素治疗，避免盲目服用降糖药。

## 5 二胎爸妈在孕前需要做优生检查

做好孕前检查是保证胎儿健康发育的基石。如果想要二胎的话，那么在怀孕前的 3～6 个月，夫妻双方最好先进行一次全面的身体检查，尤其是对于生殖系统、优生四项、遗传疾病等的检查。

### 孕前优生检查，男女都要做

可能有的女性会认为，生第一胎时各项优生检查都做过，没有问题，在怀二胎前，就不用那么重视孕前检查了，或者认为只做一般的健康体检就可以了。但事实上，孕育二胎的女性其自身年龄要比怀第一胎时大，有的甚至已经成为高危孕产妇了，而且，在距离上一次怀孕的这段时间里，身体也可能会发生一系列未知的变化，所以，在准备要二胎之前，女性应提前做好优生检查，及时发现不利于怀孕的因素并及时治疗和纠正，确保孕育出健康的宝宝。

男性的精子质量对胎儿的发育和健康有很大的影响，因此在计划要二胎时，男性也要做孕前检查，尤其不能忽视对精液的检查。

孕前检查的最佳时机是怀孕前的 3～6 个月，这样还可以给身体一个调适的时间。时间过早或过晚，都可能会影响到结果的准确性。女性在做孕前检查时需要避开月经期，一般在月经干净后 3～7 天进行检查较好；男性可在性生活后的 3～7 天内进行孕前检查。

### 二胎备孕女性需要做的检查

二胎备孕女性的孕前检查主要包括常规的身体检查、妇科检查和优生优育检查。

**常规体检**

包括体重、血压、血糖、血常规、尿常规、肝肾功能、心电图、乙肝五项等检查，以确定备孕女性是否患有贫血、糖尿病、泌尿系统感染、肝肾疾病、心肺功能不全等病症，确保安全怀孕。

**生殖系统检查**

包括妇科检查、白带常规检查、妇科B超等。这些检查可以确定子宫、卵巢、输卵管等的形态是否正常，是否存在妇科肿瘤等疾病，以及是否存在滴虫、真菌、支原体、衣原体等阴道炎或盆腔炎症。

#### 内分泌检查

包括性激素六项检查、甲状腺检查等。前者可以判断生殖内分泌水平是否正常，了解黄体和卵巢功能是否正常；后者可以评估甲状腺功能，避免甲状腺疾病影响到怀孕后胎儿神经和智力的发育。

#### 优生四项检查

优生四项检查也就是我们常说的TORCH检查，即对风疹病毒、巨细胞病毒、弓形虫和单纯疱疹病毒病原体进行筛查，降低孕后发生宫内感染、流产、死胎、畸胎、胎儿先天智力低下等的概率及感染的风险。

### 二胎备孕男性需要做的检查

二胎备孕男性除了要做一般的体格检查、血常规、尿常规、肝肾功能等检查，尤其应重视生殖系统检查和精液常规检查。

#### 生殖系统检查

主要检查阴茎、睾丸、尿道、前列腺、精索等，查看是否存在睾丸外伤、鞘膜积液、尿道脓肿等影响生育的生殖系统疾病。

#### 精液常规检查

了解精子是否有活力，是否存在少精、弱精等情况。如果检查出异常，应积极治疗，同时注意加强营养，戒除不良生活习惯，待精子质量提升后再怀孕。

### 夫妻双方都要做的检查

有些疾病，夫妻中的任何一方患有，都有可能对胎儿造成不可逆的伤害，因此夫妻双方都必须检查。

#### 染色体检查

孕前通过对染色体的异常情况进行筛查，可以了解可能导致胎儿畸形或流产的遗传风险，并及早采取干预措施，避免唐氏综合征宝宝等缺陷儿的出生。有不良孕产史、家族遗传病史以及高龄备孕男女尤其要重视此项检查。夫妻任何一方若有染色体异常，都应以避免妊娠为宜。

#### 性传播疾病筛查

梅毒螺旋体、淋球菌、衣原体、艾滋病病毒等病原体也会使胎儿在子宫内受到感染。性传播疾病具有较强的传染性，因此在怀孕前，夫妻双方都要做梅毒、淋病、艾滋病等疾病的筛查。夫妻任何一方若检查出有异常，应待疾病治愈后再考虑妊娠。

## 6 二胎妈妈在孕前需要治愈部分疾病

人体出现状况的概率会随着年龄的增长而升高，有些疾病不仅会影响受孕，在怀孕后还会影响到母婴健康。所以，如果发现身体存在问题，一定要积极治疗，等到把身体调整到最佳状态之后再怀孕。

| 疾病类型 | 疾病的危害及治疗建议 |
|---|---|
| 贫血 | 如果在孕前就有贫血的症状，那么就有可能会发生贫血性心脏病、心力衰竭、产后出血、产后感染等疾病；贫血还会导致胎儿宫内发育迟缓，出现早产或死胎、低体重儿等情况。如果是缺铁性贫血的话，可选择食补，多吃富含铁和蛋白质的食物，如不见好转，应遵医嘱服用铁剂。 |
| 牙周病 | 怀孕会导致牙周病加重，而孕期又不能随意用药，会使孕妈妈疼痛难忍，且牙周病还会使发生早产和新生儿低体重的概率增大。孕前应进行全面的口腔检查和系统的治疗，平时也应注意牙周保健，做到饭后漱口、睡前刷牙。 |
| 痔疮 | 孕期内分泌会发生变化，原有的痔疮容易加重或急性发作，给孕妈妈带来困扰，分娩时还可能会因为用力造成痔核脱出，形成嵌顿，影响产程。孕前应做好肛肠类疾病的检查，如果发现问题，应及时治疗，对于便秘问题也应进行调理。 |
| 阴道炎 | 如果孕前就患有阴道炎的话，会降低精子的活动能力与成活率，从而降低受孕概率；带病妊娠还可能会导致胎膜早破、早产，经产道分娩还会造成新生儿感染。孕前需在医生的指导下彻底治愈该疾病，在治疗期间应避免性生活。 |
| 慢性盆腔炎 | 如果孕前患有慢性盆腔炎且长时间不愈的话，很容易造成输卵管粘连，使其变得狭小甚至闭塞，降低受孕概率；当卵巢功能受到损害后，还会造成月经失调，导致不孕。平时应注意卫生，避免生殖器官受到感染。如果有小腹痛、腰痛等症状，要及早就医检查并治疗。在治疗期间要注意加强营养，多运动，提高身体的免疫力。 |
| 月经不调 | 少经症、多囊性卵巢综合征患者，其排卵的机会少，受孕的概率会大大缩减。月经周期过短往往与黄体功能不全有关，即使有排卵，也不易怀孕，孕后流产的概率也较高。月经不调，周期过长或过短，量过少或过多，都应及早检查，遵医嘱积极治疗，并注意经期身体的保健。 |

## 二胎爸妈在孕前需要补充哪些营养

保证饮食的营养均衡是确保顺利怀孕、健康孕育的重要因素之一。在备孕期间，二胎爸妈应在保证饮食营养、均衡的基础上，重点摄入有助于增强体质、提高免疫力、增强精子和卵子活力的营养素。

| 备孕女性应重点补充的营养素 | |
| --- | --- |
| 叶酸 | 如果缺乏叶酸的话，容易造成贫血，还可能导致胎儿神经管畸形，如无脑畸形、脊柱裂等，发生流产、早产的概率也会增大。补充叶酸宜从怀孕前 3 个月开始，直至怀孕满 3 个月为止。补充叶酸首选食补，可多摄入动物肝肾、绿叶蔬菜等含叶酸丰富的食物。为了弥补食物中叶酸摄入的不足，备孕女性可在医生的指导下，每日小剂量地口服 400 微克叶酸增补剂（如叶酸片）。 |
| 维生素 C | 维生素 C 可以起到增强免疫力、延缓衰老的作用，对养护子宫、卵巢均有帮助；维生素 C 还能促进铁、钙和叶酸的吸收。要补充维生素 C，可多吃猕猴桃、草莓、橘子、青椒、西红柿、鲜枣、小白菜等新鲜水果和蔬菜。 |
| 维生素 E | 维生素 E 能增强卵巢功能，使卵泡增加，提升体内雌性激素的浓度，从而提高生育能力。平时可适当多吃植物油、谷物胚芽、坚果和绿叶蔬菜等。 |
| **备孕男性应重点补充的营养素** | |
| 锌 | 锌可增强精子的活力和成熟度，男性体内缺锌的话可导致睾丸激素分泌过低，使精子数量减少。要想补锌的话，可多吃花生、核桃、小米、大白菜、牡蛎、牛肉、鸡肝等。 |
| 维生素 E | 维生素 E 被称为生育酚，对提升精子活力和数量有益。日常饮食中可适当多吃杏仁、葵花子、西蓝花、花生酱、菜籽油、猕猴桃、杧果等。 |
| 精氨酸 | 精氨酸是精子蛋白的重要组成成分，对提高精子质量及精子活力有很好的帮助。日常饮食中可适当多吃海参、鳝鱼、墨鱼、芝麻、花生、牛奶、鸡蛋等。 |

## 8 二胎爸妈在孕前需要改变不良生活习惯

一旦有了孕育计划，为了给胎儿创造一个健康的生长空间，并保证受精卵的质量，二胎爸妈在孕前都需要长期保持良好的生活习惯，并改变不良生活习惯。

### 作息规律，不熬夜

经常熬夜、加班，生活节奏不规律，身体的生物钟就会紊乱，极易导致内分泌失调和身体免疫力下降，对女性而言可影响卵子的发育成熟及排卵，对男性而言可影响精子的质量，不利于怀孕及优生优育。所以，备孕夫妻一定要坚持早睡早起，劳逸结合，让身心都得到充分的休养。

### 不喝酒

女性饮酒过多或经常饮酒，可导致性功能减退，影响月经和排卵，危害生殖细胞的健康，怀孕后发生胎儿畸形的概率也会加大。酒精会影响男性精子的数量、活力，还可能引起染色体畸变，导致胎儿畸形。有怀孕计划的夫妻一定要戒酒至少 3 个月后再备孕。

### 远离香烟

香烟中的有害物质会影响女性性激素的分泌量，会使卵子的受精能力大大降低。烟草中的铬对精子有较强的杀伤力，尼古丁和多环芳香烃类化合物会导致精子畸形。备孕夫妻不管是双方还是某一方，一旦有吸烟的习惯，都会降低生育能力，应戒烟，女性还应尽量避免吸入二手烟。

### 避免久坐

女性长期久坐，易导致盆腔内气血循环发生障碍，还会导致子宫内膜异位，均不利于孕育工作的顺利进行。男性久坐会压迫到睾丸、前列腺、精囊，导致会阴部循环受阻，局部温度升高，容易引发炎症，影响精液质量。备孕夫妻应避免久坐，如因工作性质等原因需要久坐，也应经常变换姿势，经常起身活动身体，使全身血流通畅。

### 不穿紧身裤

女性经常穿紧身裤会对子宫和输卵管产生极大的压力，容易引起子宫内膜异位而导致不孕。男性穿过紧、硬质的裤子会对阴囊与睾丸造成束缚，阻碍局部血液循环，影响精子的生成及活力。建议备孕夫妻都应穿着透气性好且宽松、舒适的裤子。

# 五、做好心理准备，适应二宝所带来的变化

无论你们为迎接二宝做了多少准备，二宝的到来都意味着你们的生活将和从前大不相同，幸福的果实肯定是需要更多的付出与悉心的滋养才会成熟，对此，夫妻双方都要及时调整好自己的心态。

## 1 二胎准妈妈可能会遭遇职场压力

在考虑是否生育二孩的时候，很多女性都会遇到这样的问题："我的工作怎么办？已经因为第一胎耽误了一回，还得再来一次吗？难道职业生涯就此终止了吗？"这些担心并非空穴来风。职场有职场的规则和现实，每一位员工都并非不可替代，就算你能力突出、地位显赫，依然可能会面临重返职场后，岗位被人取代或自己一时间无法适应工作的现状。

不过，生二孩与事业也并非完全不能兼顾。在准备生二孩前，准妈妈就应做好职业生涯的规划，既要安排好生二孩前的工作，也要规划好二宝出生后的工作安排。比如，产前要安排好大宝的照顾问题，准备休产假的时间；产后要提前安排好上班后家里的一切事情（如确定照顾孩子的人选、训练孩子使用奶瓶等），提前和同事了解公司的最新状况，做好上班的各项准备工作。这段时间有工作压力也很正常，妈妈不要为此感到灰心丧气，要相信这只是暂时的情况，只要积极调整心态，努力改善工作方法，一定能克服职场压力，回到以前的工作状态。

## 2 担心没有足够的精力照顾两个宝宝

很多二胎妈妈都会面临一个两难的选择题：该不该辞去工作做全职妈妈。照顾两个孩子的确会占用妈妈更多的时间和精力，但这并不代表妈妈一定要辞去工作，在家做全职妈妈。

喜欢孩子，乐于照顾孩子，与渴望有一份自己的工作，希望在工作中实现自我价值，这两者之间并不矛盾，最重要的是找到平衡点。在妈妈白天上班不能照顾孩子的时候，可以请家中的老人帮忙，也可以考虑请保姆。如果两个孩子都上了幼儿园或小学，孩子们白天在学校度过，妈妈上不上班对他们的影响就不是很大了。而且，职场妈妈虽然不能整天和孩子在一起，但是依然可以很好地陪伴孩子，比如每天上班前可以和孩子来一个甜蜜的告别吻，下班后还可以和孩子一起玩游戏、陪孩子聊天，周末可以带着孩子一起去郊游、野餐或是和孩子们一起做家务，等等。

当然，如果觉得精力分担不过来，选择做全职妈妈也无妨。现代社会，很多家庭已逐渐认识到教育孩子的重要性，所以不少高学历的妈妈都选择回归家庭，承担起专心教育孩子的重任。她们把教育孩子当作自己的事业，不断地学习并提高自身素养，随着孩子的成长，她们也收获了快乐与自我价值感。

## 3 高龄孕育，孕育风险会更大

很多二胎妈妈的年龄都超过30岁了，有些还是高龄妈妈（年龄超过35岁），她们对于自己能否顺利孕育产生怀疑，担心孕育风险，因而心理压力很大。的确，高龄怀孕或生子确实有一定的危险，但并不是绝对不能成功。只要做好孕前检查，并根据医生的建议调理好身体；在孕期安排合理的膳食，适度运动，并严密监控身体各项数据和胎儿的发育情况；产后早早地开始运动，遇到问题多咨询医生，遵医嘱做好各方面的准备，高龄妈妈一样可以顺利生育二孩。

## 4 宝妈担心因为再生育而变成“黄脸婆”

都说生一个孩子老 10 岁，生两个岂不是真要成“黄脸婆”！很多妈妈在怀二胎前，身材可能已经恢复得很好了，时不时地还去做美容、烫头发，改善形象。可怀了二胎以后，直到生完孩子很久，妈妈的形象可能都很难再恢复到原来的样子。一方面，二宝妈妈的年龄与生第一个孩子时相比要大，身体恢复得也更慢，韶华易逝、红颜易老的感觉尤其强烈；另一方面，要照顾两个孩子，每天都非常忙碌，根本没有时间打理自己，也没有属于自己的空间，自然容易变成“黄脸婆”。

对于这些问题，准备生二宝的妈妈都要提前想到并想好对策，比如，在孕期和产后更要注重运动和保养，育儿重任能适当放手就放手，可以让爸爸参与育儿或是请保姆等；如果可以，生完二宝后妈妈依然可以经营自己的事业或上班，这些都可以帮助自己成为一名时尚辣妈。

## 5 宝爸担心宝妈生育两个宝宝后自己会受冷落

生二宝，不仅宝妈会有心理方面的压力，宝爸也有。对于宝爸来说，家中多出一个小孩意味着什么呢？可能最直观的感受就是：每天都好忙，与妻子单独相处的时间越来越少了。可能每天唯有两个孩子都睡着后的那点儿时间，才能和妻子谈谈心，看看电影。在未来 5 年的时间里，这种状态可能都会存在。对此，宝爸也要提前想到这些问题并做好心理准备。宝妈因为要带孩子，可能会非常忙碌，宝爸要理解妻子，并主动参与到育儿的工作中来，帮助换尿布、冲奶粉、带大宝等，减轻妻子的负担，在与宝妈一起育儿的过程中增进夫妻间的感情。在工作和育儿的间隙，宝爸也可以时常准备一些小惊喜给妻子，让妻子感受到丈夫的关爱。

## 6 宝爸将面临更多的生活、经济压力

在家里只有一个孩子时，可能宝爸下班回家后什么也不用做，爷爷奶奶包揽了家务，妻子带孩子，而自己，则可以窝在沙发上休息或是上网看新闻。可是当二宝出生后，这种悠闲的日子就再也回不来了，宝爸也要帮忙换尿布、冲奶粉，要照顾大宝和送大宝上学，要帮忙洗碗、洗衣服、拖地、哄二宝睡觉、陪大宝玩耍……除此之外，养育两个孩子对于家庭的顶梁柱——宝爸而言，还意味着要挣更多的钱，这些不可谓不是一种巨大的压力。

对于这些事情，宝爸都要做好心理准备。只有这样，才能在二宝出生后齐心协力，形成宽容、有爱的家庭氛围，才有助于整个家庭的和谐。同时，还应做好家庭经济规划，这样才不至于因为突然增多的支出而倍感压力。

## 7 生二宝，可能会伤害大宝

生二宝，对大宝来说不可能没有任何影响，所以，很多想要二胎的家庭可能会有这样的担心：大宝一直以来都能得到父母的专宠和悉心呵护，二宝的到来会不会让大宝感觉自己得到的爱会失去，继而受到伤害呢？其实，父母只要做好大宝的心理工作，适时引导大宝接受二宝，二宝的到来也可以让大宝觉得是一个天赐的礼物，是一个将来的玩伴，又怎么会是伤害的来源呢？

## 8 担心两个宝宝不能够和谐相处

作为父母，当然都希望子女能够互帮互助、和谐友爱，但也不可避免地有些担心：如果以后两个孩子总是吵架怎么办？大宝总是欺负二宝怎么办？父母的担忧可以理解，但凡事不能只看一面，也不能只往坏处想。大宝就一定不会接受二宝吗？大宝就不能成为一个好哥哥或好姐姐吗？其实只要父母认真教养，不偏不倚，正确引导，两个孩子是可以做到互相关爱、共同成长的。

# 六、做好经济储备，为生养二宝提供物质基础

家中多一个孩子，可不是多一双筷子那么简单。随着人们经济水平的不断提高，父母养育孩子早已由过去的吃饱穿暖转变为对综合素质的全方位培养，从小孩出生开始，各种花费都是一笔不小的数字。所以，生二宝还意味着经济压力的增加。

## 1 做好生养二宝的成本预算

在准备怀二胎之前，首先要考虑的是孕期成本和生产成本，接着是孩子出生后日常的花销和日后的教育费用。从孕期开始的营养投入，到宝宝出生后的吃、喝、拉、撒，以至日后的教育，样样都需要钱。当然你可以根据自己的经济条件决定给二宝及家庭其他成员什么层次的生活条件，但基本的开支每个月都会有所增加。

在计算供养两个孩子的成本时，我们不能简单地以大孩子的花费乘以二的方式来计算，虽然很多时候小宝宝的花费其实能比大孩子省不少，但也一样会增加每个月的生活成本。玩具、婴儿床等可以重复使用的物品可以不用再购买，相对能节约一点儿成本，但是如果两个宝宝的性别不同，或年龄差距小于 2 岁，那么这些开支也节约不了多少。两个孩子今后的教育费用更是一笔大的支出。另外，还有一些隐性支出也是不得不考虑的。例如，现有的房子是否够住？是否需要换车？两个孩子是否照顾得过来？需不需要请保姆……这些无疑会增加生养二宝的成本。

综上所述，养育二孩的成本虽然不能简单地叠加养育一个孩子的成本，但总体而言，养育两个孩子的成本还是比较高的，因此需要先做好经济规划，尽量做好节流。

## 2 合理理财，保障二宝出生后的生活

要将两个孩子培养成才，这比拼的当然是家庭的财力，不过只要不是收入过低的家庭，通过合理理财，提前准备，就能够在一定程度上解决问题。

二孩家庭的理财计划，一般应该分以下几步来进行。

### 储存紧急备用的现金

一般来说，将家庭半年左右的月支出作为紧急备用金，足以应对家庭的意外支出。但对于二孩家庭来说，可以将紧急备用金增加至一年的支出，以提高整体资金的流动性。

### 合理安排家庭社保

一般而言，家庭的总体保险配置原则是，在夫妻二人社保齐全的情况下，商业保险年保费支出应占家庭总收入的 10%，保额一般为家庭年收入的 10 倍以上。在配置商业保险时，应优先考虑保障性较高的产品，如重疾险、人身意外险等，也可根据自身的经济实力酌情为孩子增加儿童教育金险，提早储备教育金。新增保险配置应先大人后小孩，因为只有父母健康了，才能养育未成年的孩子。对于父母而言，应适度增加保费投入，给家庭提供更完善的保障。

### 配置中长期资产

对于二孩家庭来说，最大也是最难的问题是对于孩子的培养，即教育费用，这一费用是随着孩子年龄的增长而不断增加的。因此，当孩子还小的时候，父母就应该根据自己的收入水平和风险承受能力，将家庭结余资金合理配置于中长期资产中，以提高长期的投资收益。在投资过程中，除了要量力而行外，还要谨记分散投资的原理，不要将全部的鸡蛋放在一个篮子里。

如果宝爸宝妈不擅长理财，可以求助于银行的理财专家，让其给予最适合您的理财建议。对于工薪家庭来说，同时养育两个孩子，父母的责任会加大，家庭的负担会加重，甚至在某一时期还可能出现家庭支出的高峰，给家庭带来不可预料的拮据状况。通过理财，我们能尽量避免出现这些麻烦，缓解随之而来的各种压力。

# 七、高龄妈妈备孕二胎准备要充足

随着社会的发展，现代女性面临的压力越来越大，结婚、生育的年龄也越来越晚，随着二孩政策的放开，会有更多的高龄女性将生育二孩提上日程。为了生个健康聪明的宝宝，高龄妈妈需要提前做好功课。

## 1 高龄妈妈在孕育二胎的过程中较易发生的危险

随着年龄的增长，女性在步入高龄后，无论是在备孕期还是在怀胎十月的过程中，都存在着诸多的危险因素，提前了解这些危险，才能更好地防范和应对。

### 怀孕难度大

随着年龄的增长，高龄女性的身体组织逐渐老化，排卵能力降低，卵子的质量也越来越差，直接影响胚胎的形成，增加了怀孕的难度。

### 易自然流产

随着年龄的增长，女性的卵巢功能会退化，胎儿染色体出现异常的概率会增加。而在孕早期的自然流产中，有50%～60%是由染色体异常所导致的。当然，发生染色体异常的原因还有很多，如电离辐射、对化学物品的接触、微生物感染和遗传等。

### 先天性畸形率相对增加

高龄产妇在卵子分裂的过程中容易发生染色体异常，使胎儿患上各种染色体疾病，先天性畸形率相对增加。

### 病理妊娠

高龄产妇在怀孕过程中很容易并发多种孕期疾病，如妊娠高血压、妊娠糖尿病、甲状腺疾病、妊娠合并妇科肿瘤以及多种感染性疾病等。有资料显示，妊娠高血压在高龄妈妈中的发生率比适龄妈妈高出 2～4 倍；妊娠期糖尿病的发生率更是比 25～29 岁的孕妈妈高出 3 倍以上。

### 胎儿宫内发育迟缓

胎儿宫内发育迟缓是指胎儿的体重低于同胎龄平均体重的第十个百分位或两个标准差。高龄女性如果身体素质欠佳，营养不良，特别是蛋白质和能量供应不足，长期低氧血症或氧转运能力低下，影响子宫、胎盘血流及功能的话，就会妨碍到胎儿的生长发育。

### 易发生早产

高龄妈妈的子宫环境相对较差，不利于胎儿的生长发育，在妊娠晚期较适龄妈妈而言更易发生异常，使胎儿提早出生。

### 胎儿窘迫症

高龄孕妇的关节韧带组织弹性差，子宫易出现宫缩无力，导致胎儿长时间滞留宫内引起胎儿窘迫症。轻者会使胎儿心脑缺血、缺氧，重者会导致胎儿不可逆性脑损伤，甚至危及胎儿生命。

### 产程延长或难产

女性在步入中年后，坐骨、耻骨、髂骨和股骨相互结合的部位已经基本骨化，形成一个固定的盆腔。如果女性年龄过大，子宫颈部、会阴及骨盆的关节就会变硬，不利于分娩时的扩张，同时，子宫的收缩力和阴道的伸张力也较差，因此，分娩时容易导致胎儿产出困难，使产程延长甚至发生难产，产妇本人发生各类并发症的危险性也大为增加。

### 产后恢复的难度加大

宝宝的降生并不代表着女性完成了任务，可以高枕无忧了，相反，分娩时消耗的大量气血和营养，都需要在产后尽快补充。产后前 3 个月是最重要的恢复期，稍微不注意就会落下一辈子的病根。而且，从生理角度来说，越年轻，恢复的速度就越快；年龄越大，恢复的难度也就会相应增加。人体在 30 岁以后，尤其是在 35 岁以后，全身器官组织的机能均开始减退。生产非常消耗元气和体力，高龄妈妈更需要注意产后的休养。

高龄妈妈在妊娠期间发生危险的概率会高于适龄妈妈，但并不是所有的高龄妈妈都会遇到危险。其实只要是怀孕，就有可能发生妊娠风险，就看孕妈妈是否能提前采取有效措施，将风险降到最低。

## 2 高龄妈妈在孕前要进行必要的检查

高龄妈妈由于年龄和生理等原因，在孕前检查中除了要进行一般的孕前检查，还要重点关注生殖器检查、免疫学检查、激素检查、感染检查和遗传方面的检查等。尤其是有家族遗传病、慢性疾病的高龄女性，更要在怀孕前做好产前检查。

| 检查的项目 | 检查的内容 |
| --- | --- |
| 一般体检 | 包括体重、血压、血糖、血常规、尿常规、肝肾功能、心电图、乙肝五项等检查。 |
| 生殖器检查 | 了解子宫体、子宫颈、卵巢、输卵管的情况，判断高龄妈妈是否患有子宫方面的疾病，例如宫颈癌和卵巢癌等，如若发现高龄妈妈有以上疾病，都需要在治好后才能怀孕。 |
| 免疫学检查 | 了解抗精子抗体、抗卵磷脂抗体、抗子宫内膜抗体等情况。 |
| 激素检查 | 通过血液中含有的黄体激素和甲状腺激素来测定排卵状态和甲状腺功能，以提早防治流产、早产、围产期胎儿死亡等不良妊娠的出现。 |
| 感染检查 | 检测是否有滴虫、风疹病毒、巨细胞病毒、弓形虫和单纯疱疹病毒等的感染，并根据检测结果估算孕期胎儿发生宫内感染的风险。 |
| 腹腔镜检查 | 这是了解输卵管内有无异常最可靠的方法，在怀疑有输卵管阻塞、卵巢周围粘连、子宫内膜炎、子宫肌瘤时可做这项检查。高龄妈妈如果长时间不孕的话，最好也进行此项检查。 |
| 遗传方面的检查 | 对染色体、基因进行分析，评估可能发生胎儿畸形或流产的遗传风险。例如通过染色体检查，找出可能存在遗传的疾病，避免给胎儿带来遗传缺陷。 |

**温馨提示**

高龄爸爸也要参与孕前检查，以便提供高质量的精子，孕育出优质宝宝。

## 3 提高高龄妈妈生育机能的方法

由于工作或家庭等原因，不少人成了高龄备孕人群。这类备孕女性随着年龄的增长，在备孕的过程中可能需要面对一系列不利的因素，只有找到提高生育机能的方法，才能让高龄妈妈怀上健康的宝宝。

### 调理子宫环境

平时有痛经、月经不调等现象的高龄妈妈应注意调理子宫，避免患上宫寒或其他妇科疾病，为胎儿的成长提供一个舒适的环境，降低发生孕后流产的可能性。调理子宫就要保持子宫内的温暖，就要养气血，备孕时可多吃一些补气暖身的食物，如核桃、枣、花生等，少吃生冷食物。腹部、膝盖、肩背都是容易进入寒气的部位，备孕时要特别注意保暖，防止寒气入侵。

### 保证卵子的质量

高龄妈妈卵子的质量会有所下降，为了保证健康，在备孕期间就要避免因各种环境问题和身体原因造成卵子质量低下。为了提高自身的免疫力，应保持有规律的作息，避免在重污染的环境中生活，应尽量减少化妆，还要保持乐观的心态，坚持服用含有叶酸、钙等营养素的物质。每天应保证充足的睡眠，增强器官组织的机能，特别是生殖系统的机能。

### 保持标准的体重

高龄备孕人群通常都到了身材发福的阶段，在备孕期间需要格外注意体重的变化。如果女性的脂肪量不能够达到正常数值的话，就会出现内分泌紊乱的情况，雌激素水平容易低下，不易怀孕。如果这种情况是因营养不良而造成的，那么受精卵就很难在子宫内膜中着床。太胖的话同样也难怀孕，过度肥胖还会导致妊娠高血压综合征、妊娠糖尿病等孕期并发症的发生，严重的还会导致难产和死胎。

### 尽早调整心理状态

高龄备孕者因为在心理和身体上更为成熟，所以也更容易产生焦虑感，再加上年龄越大，怀孕越不易，分娩时的困难加大，心理压力也大，从而对怀孕产生影响。尤其是高龄职场女性可能正处在事业的瓶颈期，长期处于紧张、焦虑的情绪中，出现内分泌失调和月经紊乱等情况，影响正常排卵，大大降低了受孕的概率。因此，对于高龄女性来说，保持平和的心态非常重要。

# 第二章

## 怀二胎时需要注意的事项

孕育新生命的艰辛，想必有过经验的妈妈并不陌生。然而，带着大宝怀二宝，其中需要注意的问题你是否了解？孕期应如何照顾大宝的生活起居和心理需求？如何应对二次孕育的种种问题？本章将就这些问题，给二胎妈妈一些建议，陪伴二胎妈妈做好孕期日常保健和对大宝的日常照顾。

# 一、怀二胎与怀头胎的区别

已经有过一次孕育生命的经历，当怀上二胎时，妈妈们会多了一些淡定和从容，处理孕期问题也变得得心应手，但两次怀孕身体和情绪的变化却大有不同，除了可以参考之前的经验，还需要二胎妈妈注意一些特殊情况。

## 1 怀二胎时，孕期不适会更明显

从二宝在妈妈肚子里安营扎寨的时候起，孕期不适便会随之而来。很多二胎妈妈会发现，怀二胎时的孕期不适会更加明显。

◆二胎妈妈由于年龄偏大或者需要同时照顾大宝的原因，在第二次孕期中会觉得比上一次更疲劳，需要更多的时间来睡觉，才能让身体得到充分的休息。

◆细心的二胎妈妈会发觉，骨盆关节疼痛的情况比上一次出现得更早、更厉害。

◆第一次怀孕时出现过尿失禁、阴道脱垂或其他孕期并发症的二胎妈妈，在这次孕期中，上述症状很有可能复发，甚至加重。

◆孕育过头胎的身体，其子宫腔的容积增大、腹壁松弛，使得二胎出现巨大儿的风险增加，难产、产后出血的情况也可能会发生。

## 2 怀头胎时血糖异常，怀二胎时这种症状也可能会出现

如果怀头胎时出现了血糖异常，或者患有孕期糖尿病，那么在第二次孕期中这种症状复发的概率将高达 33%～69%，发展为 2 型糖尿病的概率为 17%～63%。

怀头胎时出现血糖异常的妈妈在怀二胎前，要做血糖检测。在怀孕期间，二胎妈妈要控制高糖食物的摄入，调整作息时间，适度运动，以预防和减少孕期糖尿病的发生。

## 3 怀二胎更容易发生宫外孕

再次怀孕，让家庭又增添了一些温馨的氛围，但如果受精卵“降”错了地方，没能到达正确的目的地——子宫，而是跑到别的地方住下来发育，就会发生宫外孕。需要提醒二胎妈妈，由于受到诸多因素的影响，怀二胎时更容易发生宫外孕，因此要格外注意。

发生过慢性输卵管炎、子宫内膜异位症等疾病导致输卵管粘连、管腔堵塞等异常情况，易诱发宫外孕。

经历过输卵管粘连分离术、再通术等手术，受精卵意外着床的概率增大，易发生宫外孕。

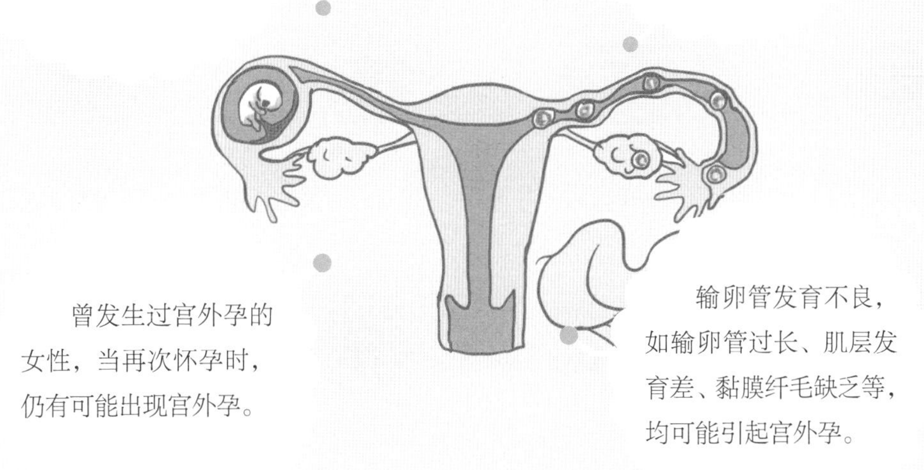

曾发生过宫外孕的女性，当再次怀孕时，仍有可能出现宫外孕。

输卵管发育不良，如输卵管过长、肌层发育差、黏膜纤毛缺乏等，均可能引起宫外孕。

要想防止宫外孕的发生，二胎妈妈就要养成良好的生活习惯，拒绝吸烟和饮酒，避免其中的有害物质伤害胎儿。同时，一些炎症会引发生殖系统疾病，如输卵管发炎造成输卵管粘连，管腔变得狭窄，管壁平滑肌蠕动减弱，使受精卵无法到达子宫腔，从而导致宫外孕，因此应及时予以治疗。

**温馨提示**

二胎妈妈要格外注意经期、产期和产褥期的卫生，防止生殖系统感染。一旦停经，应尽早明确妊娠位置，及时发现异位妊娠。

## 4 怀二胎更要谨防流产

为什么怀二胎要谨防流产？又该怎样预防？书中已经解答了这些疑惑，二胎妈妈赶快来看看。

很多二胎妈妈年龄偏大，身体素质也有所降低，体内的卵子存在老化、质量下降等问题，受精卵分裂、染色体异常的概率也会升高，更易导致流产。

经过头胎的分娩，二胎妈妈的宫颈内口变得松弛，胎膜破裂的情况多发，因此怀二胎时更容易出现流产。此外，前置胎盘、胎盘绒毛水肿变性，也可造成流产。

如果黄体期过短或分泌不足，应尽量在月经中期和怀孕初期补充黄体素。有习惯性流产的女性，要进行医学检查。

二胎妈妈由于工作压力大、生活不规律等原因，导致身体内分泌失调，雌激素过多或黄体酮不足，这也是造成流产的原因之一。

尽可能在适孕年龄怀孕，不做高龄妈妈。如果子宫颈过于松弛或闭锁不全，建议二胎妈妈在孕 14～18 周时做子宫颈缝合术，规避风险，顺利孕育二胎。

## 5 怀二胎更容易发生前置胎盘

如果头胎为剖宫产或产后出现产褥感染，则更容易造成子宫内膜受损。当受精卵植入子宫脱膜时，因血液供给不足，为了摄取足够的营养，胎盘面积便会扩大，甚至伸展到子宫下段，这时前置胎盘就产生了。因此，怀二胎更容易发生前置胎盘。

### 前置胎盘的影响

**对胎儿的影响：**前置胎盘容易造成孕晚期出血，胎儿易发生宫内窘迫、缺氧等情况，从而引发早产。此外，胎盘占据了子宫下段位置，会妨碍胎头进入骨盆入口，可能会导致胎儿臀位、横位的发生，增加分娩难度。

**对二胎妈妈的影响：**前置胎盘可能会造成产后胎盘剥离不全或者子宫下段肌肉收缩不良，引起产后大出血，危及产妇生命。胎盘剥离面靠近宫颈口，由于细菌滋生，容易引发产褥感染，不利于身体的恢复。

### 前置胎盘的种类

| 按胎盘边缘与子宫颈口的关系划分，前置胎盘可分为 3 种类型 | | |
|---|---|---|
| 完全性前置胎盘 | 子宫颈内口全部被胎盘所覆盖，又称为中央性前置胎盘。 | 初次出血的时间早，约发生在妊娠 28 周左右，反复出血次数多，量较大，有时一次大量出血，即可使病人陷入休克状态。 |
| 部分性前置胎盘 | 子宫颈内口有一部分被胎盘所覆盖。 | 出血时间介于完全性前置胎盘与边缘性前置胎盘之间。 |
| 边缘性前置胎盘 | 胎盘附着于子宫下段，下缘达子宫颈内口边缘，又称低置性前置胎盘。 | 初次出血发生的时间较晚，多在妊娠 37～40 周或临产时出现，量也比较少。 |

**温馨提示**

由于反复多次或大量阴道出血，孕妇可能会出现贫血症状，其程度与出血量成正比，严重者可出现休克，使胎儿发生宫内窘迫、缺氧而死于宫内。

## 6 头胎有出生缺陷，二胎不一定有

每对夫妻都想孕育健康的宝宝，但因受放射性辐射、药物等诸多因素的影响，有可能会让胎儿患有出生缺陷。有的家庭头胎已经生育了有缺陷的宝宝，夫妻深陷在二胎会不会也是有缺陷的宝宝的担忧中不能自拔，其实头胎有缺陷，不代表二胎一定有缺陷。

**造成出生缺陷的诱因及规避方法**

| 途径 | 原因 | 规避方法 |
| --- | --- | --- |
| 病毒感染 | 多指弓形虫、风疹病毒、巨细胞病毒、单纯疱疹病毒及其他病毒感染，引起胎儿感染，并造成胎儿畸形或生长发育异常。 | 在孕前接种病毒疫苗，增加体内抗体；注意卫生，不接触带有病原体的患者，最好不接触猫等宠物，降低发生弓形虫感染的概率。 |
| 放射性辐射 | 在孕早期，特别是在怀孕后的第15～56天，正是胚胎器官高度分化形成之时。如果在此期间接受X射线照射，极易导致胎儿出现先天缺陷，因为X射线具有很强的致畸作用。 | 在怀孕后的最初3个月内，要绝对禁止对腹部进行X射线照射，胸部透视最好推迟到怀孕28周后再做。对骨盆进行X线测量或拍摄胸片，均应安排在怀孕36周后进行。 |
| 致畸药物 | 这与夫妻在受孕前后服用的药物有关。如果在致畸高度敏感期服用某些药物，容易对胎儿的生长发育造成严重损害。 | 在准备怀孕或在怀孕后的最初3个月内，夫妻双方都要慎重服用药物。当二胎妈妈感到身体不适时要及时就医，并准确告诉医生自己受孕的时间，以便选用对胎儿无害的药物来服用。服药时一定要遵从医嘱，不可擅自乱用。 |
| 缺乏营养 | 孕妈妈营养不良，会造成体内必要元素的缺失。例如，在孕前或孕期叶酸摄取不足，容易造成无脑儿、脊柱裂等出生缺陷。 | 从孕前3个月开始服用叶酸增补剂，直至孕后3个月。也可以从食物中摄取叶酸，如动物肝脏、菠菜等。 |

**温馨提示**

如果大宝患有遗传性疾病或出生缺陷，夫妻双方务必做好出生缺陷的筛查工作，包括做染色体检查、排畸彩超，以便及时发现异常情况。

## 头胎为剖宫产的妈妈，在怀二胎时要谨防子宫破裂

因为剖宫产等原因在子宫上留下了瘢痕，或者在第一胎剖宫产后，子宫下段的伤口有较明显的延裂，那么在怀二胎时发生子宫破裂的危险系数就会增加。所以，头胎为剖宫产的妈妈，在怀二胎时就要谨防子宫破裂。

### 判断发生子宫破裂的风险

孕育二胎时发生子宫破裂的风险与很多因素有关，包括头胎剖宫产伤口的愈合情况、子宫张力以及胎儿头部是否与母体骨盆大小对称等。剖宫产伤口愈合情况不良却再次妊娠，易导致子宫切口瘢痕妊娠，子宫破裂的风险就会加大。在孕晚期和临产时，胎儿较大、羊水量多，使子宫腔内的压力增大，使肌纤维拉长并发生断裂，造成子宫破裂的情况也时有发生。胎儿头部和母体骨盆大小不对称，造成产道堵塞或者胎位不正等，引起胎先露受阻，子宫急剧收缩，也会加大子宫破裂的风险。

### 预防子宫破裂的方法

**方法一**

剖宫产后再次怀孕，要按时做好产前检查，密切关注自身和胎儿的变化，如有胎位异常等情况发生，应积极配合医生，听从建议，选择恰当的分娩方式。

**方法二**

随着月份的增加，胎儿逐渐发育完成，羊水量也逐渐增多，二胎妈妈要留意观察身体有无异常情况出现，注意是否有宫缩，子宫瘢痕部位是否有压痛等情况。

**方法三**

进入孕晚期后，需要通过超声检查了解二胎妈妈之前手术瘢痕的位置、子宫下段前壁的厚度、胎盘的附着是否有异常等情况。

**方法四**

有子宫瘢痕、胎盘粘连等情况的二胎妈妈，应尽量于产前1～2周住院待产。子宫破裂一般表现为腹痛、阴道流血、胎动和胎心异常等症状，提前待产，可以避免意外发生。

## 8 怀二胎时更易发生母儿血型不合情况

如果胎儿从爸爸那里遗传的血型抗原是妈妈所缺少的，在妈妈体内就会产生抗体，而抗体通过胎盘进入胎儿体内，会引起免疫反应，使胎儿的红细胞凝集、破裂，发生溶血，从而导致流产或死胎。

当妈妈为O型血，爸爸是A型、B型或AB型血时，如果胎儿同妈妈一样是O型血，则平安无事；如果胎儿从爸爸那里获得的血型抗原是A型、B型或AB型血，则在妈妈的体内可能会产生对抗胎儿血细胞的抗体，该抗体通过胎盘进入胎儿体内，破坏胎儿的红细胞，导致发生溶血。

并不是所有O型血的妈妈都会发生母儿血型不合的情况，这一方面与父亲的血型有关，另一方面也受妈妈体内抗体数量的影响。

这类溶血在头胎就有可能发生，而且会随着怀孕次数的增多而加重。

当妈妈为Rh阴性血，而爸爸是Rh阳性血时，如果胎儿从爸爸那里获得的血型抗原是Rh阳性血，那么胎儿体内带有Rh阳性抗原的红细胞就会通过胎盘进入妈妈的血液中，产生相应的血型抗体，这种抗体又会通过胎盘进入胎儿的血液中，从而导致溶血的发生。

大多数Rh血型不合的胎儿在出生后24小时内病情发展较快，会引发后遗症甚至死亡。

这类溶血在怀头胎时很少会发生，但会随着怀孕次数的增多而增加其发生的概率。

如果二胎妈妈发生过不明原因的流产、死胎或者头胎被确诊为新生儿溶血症，以及头胎出生时有重症新生儿黄疸等情况，那么在怀二胎时就要格外留意母儿血型不合的情况。夫妻二人应一起做ABO血型和Rh血型检查，并进一步做相关抗体的检测。加强产前检查，提前采取预防措施，避免因母儿血型不合对胎儿造成伤害。

## 9 怀二胎时更易发生胎儿横位

胎儿的长轴和母体的长轴互相垂直，且胎儿的臂膀或手是先露部位，称为横位。由于分娩过一次，二胎妈妈作为经产妇，其腹壁松弛，胎儿活动的空间大，或是因为软产道有肌瘤、囊肿，导致胎位下降受限，二胎横位情况就更容易发生。

◆如果临产前还是横位，容易造成胎膜早破，引发脐带脱垂，甚至宫内窒息，导致胎儿死亡。

◆做好产前检查，预先诊断出胎位不正的情况。建议在医生的指导下，采取侧卧位并向侧卧位方向轻柔腹壁，每天两次，每次 15 ~ 20 分钟，矫正胎位，并用腹带固定。

◆二胎妈妈不宜久坐、久卧，应适当增加运动，例如散步或者做一些类似转腰等轻柔的运动，从而带动胎儿运动，有利于矫正胎位，减少胎儿横位的发生概率。

◆如果到了临产期，依然没能纠正胎位或在生产时发生胎儿横位，二胎妈妈应听取医生的建议，必要时进行剖宫产，降低因胎儿横位而带来的危险。

## 10 怀二胎时更易发生羊水栓塞

随着分娩次数的增加，二胎妈妈的子宫组织会变得疏松，使混有胎脂、毛皮等物质的羊水更容易被穿透，从而进入母体的血液循环系统，引起栓塞。头胎是剖宫产，且再次怀孕时胎盘长在剖宫产瘢痕上的二胎妈妈，发生羊水栓塞的概率会更高。

存在羊水过多、前置胎盘、子宫破裂、胎儿窘迫等情况的二胎妈妈更要注意观察胎儿和自身的变化。

做好产前检查和瘢痕破裂风险评估，通过 B 超检查发现诱发因素，密切观察自身身体情况。

如果有胸闷、烦躁、寒战等不舒服的感觉，要及时告诉医生，必要时选择剖宫产，缩短分娩时长。

# 二、二胎宝宝突然报到

当卵子和精子结合成小小的受精卵后，便有了生命的初始形态和源头，二胎宝宝就这样被孕育在妈妈的肚子里。怎样将这个好消息分享给大宝，又该怎样排除不安因素，健康、顺利地孕育二胎宝宝？别急，听听专家怎么说。

## 1 好朋友没有准时来

女性月月报到的“好朋友”常被用来判别是否怀孕了，其检测结果虽然没有医学诊断那么精准，但用作参考还是可以的。

◆如果平时月经很规律，一般超过 7 天以上没有来，又没有采取避孕措施，这时就可以考虑自己怀孕了。

◆没做什么劳累的事情却总感觉很累，身体不受控制地总想要好好睡上一觉，容易感到疲倦也是怀孕的征兆。

◆怀孕早期会出现小便不多却时时想解的情况，这是因为增大的子宫将膀胱向上推移了。

◆还会出现恶心、呕吐等症状，这是由绒毛膜促性腺激素升高、黄体酮增加，以及肠胃蠕动减少而引起消化不良导致的。

## 2 验孕棒上有两道杠

当育龄女性出现停经时，不妨购买早孕试纸，进行怀孕检测，根据尿液中含有的绒毛膜促性腺激素来判定是否怀孕。检测时，应选择正规厂家生产的、没有过期的试纸或者验孕棒，最好用清晨醒后的第一次尿液来进行检测，以使检测结果更准确。

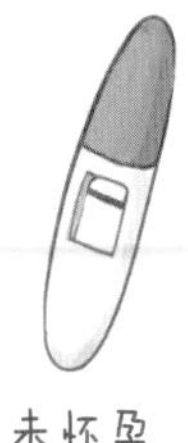


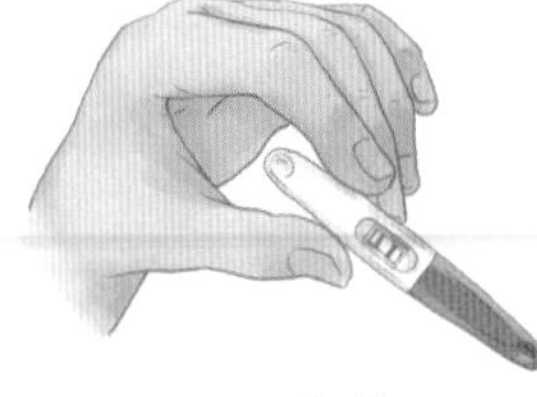

## 3 到医院检查，确定怀孕

虽然早孕试纸或验孕棒方便、快捷，也能检测出是否怀孕，但如果使用方法错误或试纸过于敏感的话，很可能会导致检测结果出现错误。所以要想确诊是否怀孕，还是需要到医院去，通过进行相关的检查来确诊。

尿检是比较常用的检测方法之一。月经迟来一周左右，且在尿液中检测出绒毛膜促性腺激素，在正常情况下可确诊为怀孕。

一般来说体内绒毛膜促性腺激素的变化最先出现在血液中，然后才会出现在尿液中，所以通过抽血检查，也可以判断是否怀孕。

在怀孕 5～6 周时，通过 B 超检测可见胚芽的心血管搏动，在怀孕 7～8 周时可见胎动。

怀孕以后，宫颈的颜色会从原来的红色变成暗紫色，宫颈和子宫之间变得特别柔软。通过妇科检查，观察宫颈变化也能判断出是否怀孕。

## 4 将好消息分享给大宝

你是怎样告诉大宝即将多一个小弟弟或是小妹妹的？大宝的回答又是什么？不知道该怎样与大宝分享这个好消息的妈妈，不妨试试以下这些方式。

可以让大宝成为第一个知道妈妈怀孕的人，因为这样会让大宝觉得自己被重视了。由大宝向全家人来宣布这么重要的消息，肯定会让他激动；也可以尝试着通过图书、故事，以及与小朋友做游戏等方式来暗示大宝，即将有一个小弟弟或者小妹妹到来。

## 5 确定怀孕，排除不安因素

当你得知二胎宝宝已经降临，确定自己怀孕时，除了满心的喜悦，还有一件事不能掉以轻心，那就是要确认胚胎的情况，检查其是否正常与健康，尤其是高龄孕妇。只有将危险因素逐一排除，才能安心孕育二胎宝宝。

### 警惕宫外孕

当精子与卵子结合后，便会穿过输卵管进入子宫发育着床，但由于各种原因，受精卵没有进入子宫，而是在子宫以外的部位（如输卵管）着床了，就会造成宫外孕，也叫异位妊娠。

◆警惕阴道出血。阴道不规则出血，呈鲜红色或暗褐色，可以是持续或间断出血，出血量不固定，严重的还有可能出现休克等症状。

◆留意身体不适症状。宫外孕很容易造成输卵管破裂，当血流到腹腔后会引起剧烈疼痛，伴随心跳加快、脸色苍白，甚至危及二胎妈妈的生命。

### 检查胎儿的心血管搏动

胎儿的心血管搏动是指从胎儿的 B 型超声波检查里能正常看到胎儿的原始心血管搏动，也就是说胎儿有了初步正常的发育情况。

胎儿的心血管搏动通常在孕 8 周左右可以检查到，但仍然存在停止搏动的风险，从而导致胚胎停止发育。二胎妈妈当中不乏高龄孕妇，随着年龄的增长，卵子质量下降，不安因素也不断增加，发生胚胎停育的风险较高，因此要提醒二胎妈妈，注意检查胎儿的心血管搏动是否正常。检查过早的话，也有可能看不到胎儿的心血管搏动，此时二胎妈妈不要慌张，应该听取医生的建议，过段时间再进行一次检查。

## 留心激素分泌情况

身体为了适应怀孕会发生一系列的变化，孕吐、水肿、长斑，等等，其实都源自体内激素的变化，具体的数值变化需要通过检查才能得出，但激素变化所带来的表现却一直影响着二胎妈妈。有哪些激素会发生变化，该如何留心观察呢？

人绒毛膜促性腺激素（HCG）是由胎盘释放产生的，用来触发其他激素活动，以刺激胎盘的发育，维持正常妊娠。

黄体酮原本就是存在于人体内的一种雌性激素，若想顺利受孕，必须分泌足够的黄体酮。在怀孕后的一段时期内，身体会分泌出黄体酮来抑制子宫的强烈收缩，保证胎儿的安全。

孕期身体会释放松弛素让韧带松弛，使骨盆关节松开，有利于胎儿顺利产出。松弛素也会造成背部和骨盆疼痛，还会使二胎妈妈更容易受伤。

当体内激素分泌不足时，流产、胎停育等情况便会发生。二胎妈妈应做好相应的激素检查、产检等，确保体内激素分泌正常。

留心自身身体的变化，当身体出现腹痛、阴道出血等异常症状或身体不适时，应及时就医。

# 三、合理安排孕期生活

不管是因为身体的变化还是受情绪的影响，各种不适和烦恼都会出现在孕期生活中，不仅孕妇的睡眠需要得到保证，孕妇的情绪也需要得到调节。日常生活看似普通，但为了能让二胎妈妈顺利度过孕期，仍需合理安排孕期生活。

## 保证睡眠质量

在孕早期，很多二胎妈妈都处于“睡不醒”的状态，每天最想做的事情就是睡觉。但随着胎儿的逐渐发育，身体不适加重，这种“睡不醒”的状态会逐渐转为“睡不着”的状态。孕期失眠成了困扰二胎妈妈的问题之一，它是什么原因造成的，又该如何改善？

### 给孕妈妈临睡前的小叮咛

孕期脆弱的睡眠很容易被各种事情打扰，难以入睡、频繁起夜等，都是二胎妈妈睡眠质量下降的诱因。与其被困扰，不如听听过来人的睡前小叮咛，了解睡前注意事项，使孕妈妈能够轻松拥有好睡眠。

**注意饮食**

日常饮食不注意会影响孕期的睡眠质量，咖啡、茶等饮品中含有的咖啡因、茶叶碱等物质，会使脑神经处于兴奋状态，过浓或者在睡前饮用，都会影响睡眠。可以用热牛奶来代替这些饮品，因为热牛奶具有催眠的功效。

**不宜过量饮水，注意补充钙质**

很多二胎妈妈都尿频，会频繁起夜，也常常有抽筋的情况发生，这些都会影响睡眠质量。应适当控制饮水量，从而减少起夜的次数；注意补充钙质，减少抽筋情况的发生，以便保证睡眠质量。

**放松心情**

很多二胎妈妈会下意识地把逐渐变大的腹部当作重点保护部位，因此常常纠结睡姿，使睡眠质量下降。要放松心情，避免焦虑。心态平和有助于入睡。

**适当运动**

在没有身体不适的前提下，准爸爸可以帮助二胎妈妈做一些动作舒缓的运动，使身体稍微有倦怠感，有助于入睡，但切记至少要在睡觉前 3 个小时结束运动。

## 营造良好的睡眠环境

二胎妈妈的睡眠不仅关系着自身的健康，也影响着胎儿的生长发育。睡眠质量下降的二胎妈妈，不妨试试改变睡眠环境，柔和的灯光、静谧的环境、适宜的温度都是有助于睡眠的良好条件。只有睡得好，才能精神好，才能保证自身和胎儿的健康。

干净整洁的环境、柔和的灯光、宽敞舒适的大床、亲肤柔软的被褥和高度适宜的枕头，都对二胎妈妈的入睡有利。

睡前洗个温水澡，有利于肌肉放松。水温不要过高，否则容易刺激肌肉，使其处于兴奋状态。也可以泡泡脚，同样具有安神镇静的效果。

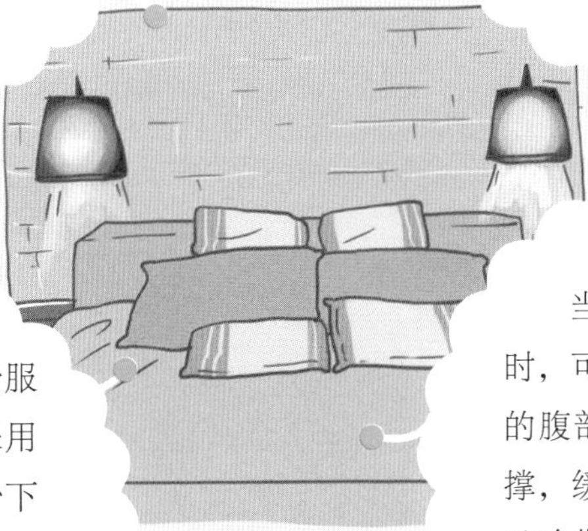

采用自身感觉舒服的睡姿，一般建议采用左侧卧的姿势，减少下肢静脉压力，减轻腿部水肿，避免在睡眠中发生抽筋的情况。

当二胎妈妈侧卧睡觉时，可将孕妇枕垫在膨凸的腹部下面，给予腹部支撑，缓解不适，尤其是在孕晚期，可以有效缓解妊娠期的睡眠困扰。

养成按时睡觉的好习惯，形成生物钟。二胎妈妈睡前不要长时间玩手机、看电视，避免大脑处于兴奋状态，难以入睡。

## 2 注意口腔卫生

老话说“生一个孩子丢一颗牙”，口腔问题对于有过一次孕育经历的二胎妈妈来说，仍然是一个不可忽视的问题。牙齿不好，就会出现这样那样的口腔疾病，二胎妈妈应注意口腔卫生，做好口腔护理，省去不必要的麻烦。

### 孕期口腔容易出问题的原因

孕吐后残留的胃酸、酸性食物含有的果酸，都会侵蚀牙齿表面，导致牙齿表面不平、食物填塞，引起蛀牙。同时，被侵蚀的牙齿也会变得敏感。

怀孕后体内的雌激素和孕激素水平上升，使牙龈毛细血管扩张、弯曲，弹性减弱，以致血液瘀滞及血管壁通透性增加，牙龈处于充血状态，牙龈浮肿、脆软，造成孕期牙龈炎。

孕期饮食结构发生改变，进餐次数增多，碳水化合物的数量增加，食物残渣存留于口中，这些都为细菌的滋生提供了机会。

刷牙方法错误，清洁不到位，为细菌繁殖提供基础，细菌代谢所产生的酸使牙齿表面受到腐蚀，形成龋齿。同时，口腔保健意识缺乏，也是造成口腔疾病发生的原因。

### 孕期牙齿诊疗注意事项

在孕期进行牙齿诊疗，可以帮助二胎妈妈及时发现问题并进行治疗，避免口腔问题恶化。但有些二胎妈妈出于不了解，而不敢进行治疗，其实，合理、安全的牙齿诊疗在孕期是允许的。下面我们就来看看具体的注意事项。

通常在孕早期不适合进行拔牙、洗牙等治疗，在孕中期进行口腔检查或治疗较为理想，如果情况紧急，要听取医生的建议。

在进行口腔疾病的治疗时如涉及药物，例如麻醉剂，大部分都只是局部麻醉，二胎妈妈应咨询专业医生。

在照射口腔X光时，放射线剂量较小且远离腹部，要穿上防护铅衣，并重点保护腹部。

一般不建议二胎妈妈在孕期进行牙齿矫正，如有必要，可咨询专业牙医。

孕妇应每天坚持有效刷牙，提倡“三三刷牙法”，即每次饭后3分钟之内刷牙，每颗牙的内侧、外侧、咬合面都要刷到，每次刷牙的时间不少于3分钟。在饭后、吐后、睡觉前用漱口水漱口，每次含漱3～5分钟，也可以起到很好的清洁作用。

## 3 远离有害辐射

辐射问题一直是很多二胎妈妈关注的问题。虽然电脑、微波炉、电磁炉等必需品方便了人们的日常工作与生活，但人类同时也被这些物品所发出的辐射包围着，二胎妈妈更应远离这些有害辐射。

◆家中带有辐射的家电尽量不要集中摆放，并在用完后及时拔掉电源，减少辐射，降低危险。

◆根据自己的防护需要，有针对性地选择防辐射服并穿在身上，保护自身和胎儿的安全。

◆尽量避免使用辐射较强的物品。当不能避免时，应减少使用的时间和次数，并保持距离。

**常见的有害辐射源**

| 物品 | 危害 |
|---|---|
| 电热毯 | 电热毯在工作时会产生电磁场，产生很强的电磁辐射，影响胎儿的细胞分裂，对胎儿的大脑、神经等产生不良影响。 |
| 微波炉 | 微波炉不仅辐射强，而且使用频率高，会给二胎妈妈带来危害，尤其是在孕早期，有可能会导致胚胎畸形。 |
| 电磁炉 | 尽量避免使用电磁炉，如需使用，开启后要立即撤离，同时减少使用电磁炉专业锅具，减少电磁外泄，用完后要及时切断电源。 |
| 吹风机 | 吹风机的功率较高，辐射较大。二胎妈妈在洗完头之后，应尽量使用其他干发方法，例如用吸水毛巾擦干头发，这样既没有辐射的危害，又能使头发快速变干，以防着凉、感冒。 |
| 电脑 | 虽然电脑的辐射强度不及以上家电，但在开机时仍会产生较多的电磁辐射，包括 X 射线和紫外线。长时间坐在电脑前，会影响二胎妈妈的心血管、神经系统功能，不利于身体健康。 |
| 手机 | 手机同样有辐射，二胎妈妈最好不要长时间使用手机。手机在接通电话的瞬间，辐射会比较强，因此最好先等手机接通以后再贴近耳朵。此外，在信号不好的时候，手机的辐射也会增强。 |

## 4 注意个人卫生

在孕期，二胎妈妈身体的新陈代谢加快，更容易出汗，而且体内激素发生改变，导致分泌物增多，注意个人卫生就显得尤为重要。孕期洗澡和私处护理有哪些注意事项呢？二胎妈妈赶快学习起来。

### 尽量淋浴

由于怀孕后阴道乳酸含量减少，抵御病菌侵袭的能力降低，盆浴会增加感染的机率，因此，孕期洗澡最好选择淋浴。

### 时间不宜过长

孕期二胎妈妈汗液排泄增多，建议每天洗澡，以保证皮肤的清洁。但洗澡时间不宜过长，以免自身发生脑缺血，导致胎儿缺氧。如果天气较冷，可采用温水擦拭身体的方法来进行清洁。

### 控制水温

水温应控制在 38～40℃。水温太低，会刺激皮肤，容易引发宫缩，造成流产；而水温过高，则会使二胎妈妈体温增高，破坏羊水的恒温,从而对胎儿的脑细胞造成危害。

### 做好安全防范工作

穿上防滑拖鞋，以免因地面湿滑而不慎摔倒。浴室应保持通风，避免蒸汽过多造成昏厥。如果是孕晚期的二胎妈妈，最好有人陪同，防止发生意外。

### 注意清洁私密部位

体内激素的变化会促使分泌物增多，为避免引起阴道炎等妇科疾病，建议二胎妈妈每天用温水清洗外阴 1～2 次。不要使用清洁剂，也不要清洗阴道内部。

### 避免交叉感染

二胎妈妈要准备专用的毛巾和水盆。勤换内裤，内裤洗净后应在阳光下晾晒。出现外阴瘙痒时，请在医生的指导下进行护理，不可擅自使用药物清洗外阴。

### 不建议使用卫生护垫

很多妈妈觉得卫生护垫干净、方便，孕期经常使用。但卫生护垫透气性差，直接接触私处，更容易滋生细菌，引发炎症。

## 5 注意对身体的护理

为了维持正常妊娠，二胎妈妈体内的激素和器官都做出了相应的改变，头发变得干枯、易断，妊娠纹、妊娠斑出现，腰背酸痛、腿脚水肿等情况也常有发生。孕期该如何护理身体呢？不妨试试以下方法。

### 孕期对头发的护理

**选择合适的洗发水**

建议二胎妈妈选择适合自己发质且性质比较温和的洗发水。如果发质没有因为荷尔蒙的改变而发生太大的变化，最好坚持使用孕期洗发水。

**用干发帽代替吹风机**

建议二胎妈妈在洗完头之后使用干发帽、干发巾将头发擦干。戴上吸水性强、透气性佳的干发帽，很快就可以弄干头发，淋浴后也能马上睡觉，还能预防感冒。

**不要在孕期烫发、染发**

烫发剂和染发剂中的化学添加剂不仅会伤害头发组织，容易让头发变得干枯，而且还容易引起过敏，不利于胎儿的健康。

**多吃具有护发功效的食物**

糙米、包菜、黑豆、黑芝麻等食物均有助于头发的生长，能够帮助坚韧发质，可以适当多食用一些。

### 孕期对皮肤的护理

◆要控制孕期的体重，避免脂肪过度堆积，从而有效减少妊娠纹的产生。多吃一些富含蛋白质、维生素的食物，可以改善肤质，增强皮肤弹性。

◆在医生的指导下使用托腹带，可以减轻腰腹部的压力，避免皮肤向外、向下过度延展、拉伸。将一些橄榄油涂抹在有妊娠纹的部位，也可以对妊娠纹起到预防和淡化的作用。

◆日晒会加重妊娠斑，二胎妈妈在外出时要做好防晒工作，准备好遮阳伞、遮阳帽等防晒用具，避免阳光直射皮肤表层。

◆多吃富含维生素 C 的水果，例如猕猴桃、橙子等。维生素 C 可以抑制皮肤内多巴醌的氧化作用，减少黑色素沉着，保持皮肤白皙。

## 孕期对腰部的护理

很多二胎妈妈在孕期都有腰部不适的症状，如何做好腰部的护理，缓解腰部不适呢？可以尝试采用以下方法。

◆保持令身体舒服的正确姿势。在站立、坐卧时，二胎妈妈要找到令自身感觉舒适的姿势，并且不要久坐、久站，以免损伤关节。

◆拿一块干净的毛巾，打上一盆热水，请准爸爸为二胎妈妈做腰部热敷，可以有效减轻疼痛，如果能找准穴位热敷就更好了。

◆在怀孕期间，尤其是到了孕中期，在没有身体不适的情况下，二胎妈妈可以尝试着做一些温和的运动，对腰部进行护理。

◆有的二胎妈妈腰痛是因为缺乏钙等营养物质，所以在孕期应适当吃一些富含钙质、B 族维生素的食物，以便缓解孕期腰痛。

◆孕期不加节制地进食会导致体重增长过快，这样不仅会增加腰部的负担，引起腰痛，而且也会对二胎妈妈和胎儿的健康不利。

## 孕期对腿脚部位的护理

随着胎儿的不断发育，二胎妈妈身体的负重也逐渐增加。尤其是下肢，腿部和脚部的不适也逐渐明显，做好腿脚部位的护理工作势在必行。

◆为了消除腿脚肿胀，必须要保持血液循环的通畅和气息的通畅。应穿加厚裤子或戴好护膝，使腿部保暖，以便加速血液循环，让二胎妈妈舒适地度过孕期。

◆在工作时，加个脚凳，在休息时选择平躺或左侧卧，并把脚垫高，让血液更容易回流至心脏，能够有效地缓解孕期脚肿。

◆二胎妈妈要为自己选择一双舒适、合脚的鞋子，最好带有防滑垫，这样走起路来会更稳健。

◆泡脚既可以缓解疲劳，又有助于睡眠，浸泡时间以 15 分钟左右为宜。

## 6 挑选合适的孕期内衣

相较于外衣而言，孕期内衣更为重要，因为内衣直接关系到二胎妈妈的身体卫生和体感的舒适。在孕期体内激素的作用下，二胎妈妈的乳房会发生变化，肚子也会不断隆起。孕妈妈应挑选适合自己的内衣，给自己贴身的呵护。

从怀孕到生产，二胎妈妈的乳房会增加约两个尺码，二胎妈妈应根据自身乳房的变化随时更换不同尺寸的内衣。过紧的内衣会造成乳腺增生，影响乳房的发育。

建议二胎妈妈选择专为孕妇设计的内衣，这类内衣多采用全棉材料，肤触柔软，罩杯、肩带等都经过特殊的设计，不会压迫乳腺和乳头。不要穿带有钢托的内衣。

选择透气性好、吸水性强以及柔软的纯棉质内裤，内裤要有活动腰带设计，方便二胎妈妈根据腹围的变化，随时调整内裤腰围的大小。

在孕后期，宜选用乳垫来保护乳头，在产褥期、哺乳期，乳垫也能帮助吸收分泌出的多余乳汁，保持乳房的舒爽。

到了孕晚期，腹部更加凸出，应选择前腹加护的托腹内裤，托护部位的材质应富有弹性，不易松脱，但也不能太紧。

## 7 注意对乳房的护理

乳房是宝宝的天然“粮库”，肩负着分泌乳汁喂养宝宝的重要使命。但怀孕后，乳房会发生一系列的生理变化，二胎妈妈一定要做好乳房的护理工作，才能在产后顺利泌乳，为喂养宝宝提供大力支持。

### 选择适当的清洗产品

不宜选择香皂等洗浴产品清洁乳房，避免碱化乳房局部皮肤，使其变得干燥，甚至破裂。可以选择婴儿专用或孕妇专用的温和洗护产品进行清洁。

### 适当增强乳头表皮的坚韧性

可以用干燥、柔软的毛巾轻轻擦拭乳头皮肤，以增强乳头表皮的坚韧性，避免在日后哺乳的时候，因宝宝用力吸吮而造成乳头破损。

### 纠正乳头内陷

如果乳头存在内陷或扁平的情况，在擦洗时可以用手捏住乳头轻轻向外拉扯或挤压乳头，使其向外突出，对其进行矫正。但在拉扯或挤压时，不能过于用力，也不能太频繁，情况严重的应向医生寻求专业的帮助。

### 预防流产、早产

乳头周围分布着大量的神经，内分泌激素是通过神经传导的，过多刺激乳头会使催产素分泌过多，作用于子宫，促进子宫收缩而导致流产、早产。有习惯性流产史、早产史的二胎妈妈，不适合在孕期进行乳头纠正。

### 保持乳房的清洁

坚持用干净的毛巾和温水擦洗乳晕和乳头，并将皮肤褶皱处擦洗干净。如果积存的污垢较多，应先涂上油脂软化后，再进行清洗，不可强行除去。乳头发生皲裂的二胎妈妈还可以涂抹一层橄榄油，起到润滑、滋养的作用。

## 用科学的方法按摩乳房

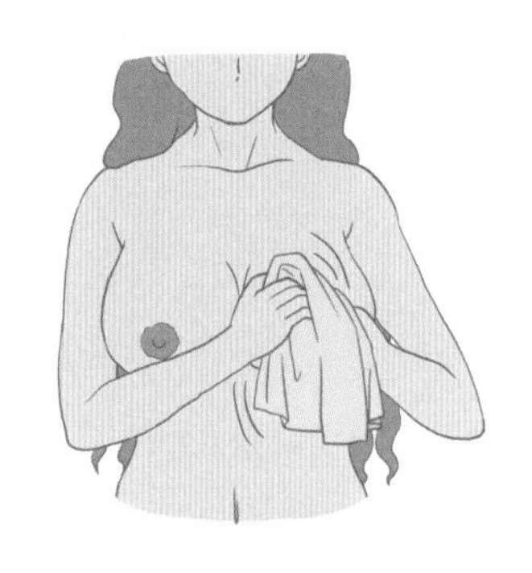

清洁乳房。洗净双手，用毛巾蘸取温水，清洗乳头和整个乳房。然后用橄榄油软化乳头上的乳痂，注意动作要轻柔。

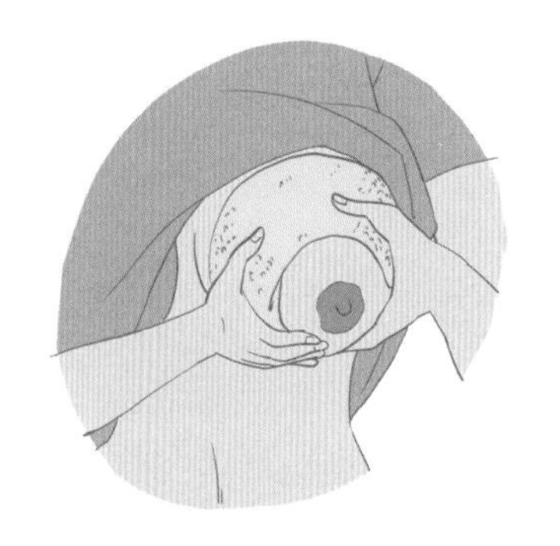

热敷乳房。将湿热的长毛巾拧干后，横向对折成一字，敷在乳房上，围成圈，中间露出乳头。毛巾的温度以二胎妈妈感觉舒适为好。

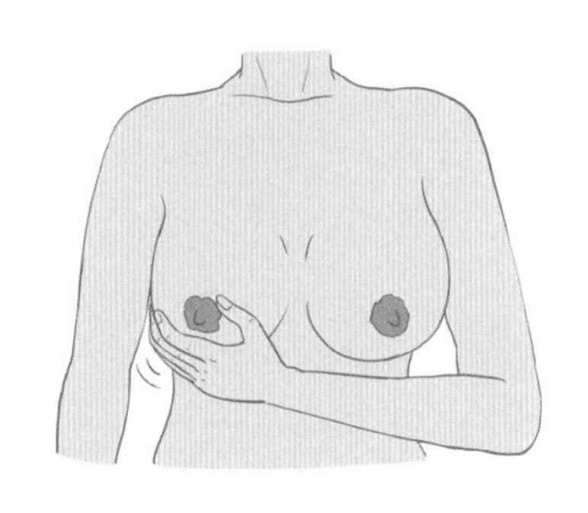

对乳腺管进行疏通护理。用一手轻握乳房，手指沿乳房四周顺时针方向转圈，然后轻轻握住乳房，向乳头方向梳理挤压，至乳头时，挤压一下乳头。如此连续做 5 次。

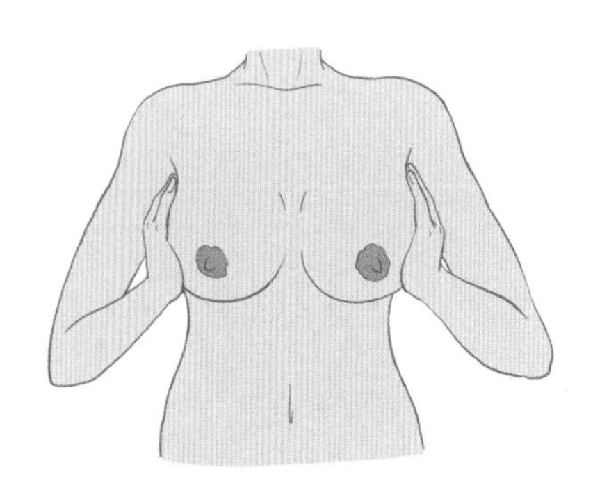

对乳房的底部进行按摩。把乳房往中间推，尽量让两个乳头靠近。分别将两只手的拇指放到腋下，用其余的手指托住一侧的乳房，用手将乳房包住，然后沿顺时针方向揉动乳房。

按摩乳房可促进血液循环，按摩的频率和力度要适中，动作要轻柔，不可用力过度。同时，二胎妈妈不要盲目进行按摩，在按摩的过程中要密切关注身体的反应，如果出现下腹部疼痛的情况，应立即停止按摩。

## 8 避免久坐、久站

二胎妈妈当中不乏职场妈妈，她们常常害怕电脑辐射会对胎儿产生影响，但电脑本身的危害远不如久坐不动或长时间站立的工作方式对二胎妈妈和胎儿的伤害大。为了自己和胎儿的健康，让自己的身体“动起来”尤为重要。

◆二胎妈妈长时间保持坐姿会因为缺少活动而对身体的血液循环造成不利的影响，血液回流受阻会导致淤血过多，从而导致腹部隐痛或者是腰部酸痛等症状发生。

◆随着二胎妈妈腹部的逐渐增大，腰腹部脊椎所承受的压力也随之增大，长久地保持坐姿不动，会加重脊椎压力，容易导致腰椎疾病的发生。

◆二胎妈妈长时间站着不动，容易使血压降低，出现头晕等情况，甚至有可能会晕倒。此外，长时间站立不仅会加重腰背酸痛的症状，而且还会加重下肢的浮肿和静脉曲张。

◆久坐的二胎妈妈应每隔一段时间就起身活动一下，久站的二胎妈妈则应该适时地坐一会儿。在办公室备一个能将脚抬高的脚凳，促使血液回流，减轻孕期水肿。

## 9 合理控制孕期体重

很多二胎妈妈害怕胎儿营养不良而盲目进补，结果造成营养过剩；也有的因为担心产后身材难恢复而刻意减肥，这两种做法都不科学。在孕期如何合理地控制体重的增长，孕育出健康的二胎宝宝呢？来听听专家怎么说。

### 孕期体重的变化会影响到母子的健康

◆在怀孕期间，二胎妈妈大吃特吃，会使体重增长过快，超出正常值，易引发妊娠高血压综合征、妊娠糖尿病等孕期并发症，巨大儿的发生概率也会增加，不利于母子健康。

◆如果孕期缺乏营养，导致体重增长过慢，很可能会引起二胎妈妈自身贫血，并使胎儿发育迟缓，甚至在出生后免疫力低下。

◆可以参照 BMI（体重指数）来估算一个人的体重是否标准。在中国，成人的标准体重指数范围为 18.5～23.9。

| BMI 与体重的关系表 | | | |
|---|---|---|---|
| 孕前 BMI 指数 | < 18.5 | 18.5～23.9 | > 23.9 |
| 胖瘦类型 | 偏瘦 | 标准 | 偏胖 |
| 孕期体重增加目标 | 12～15 千克 | 10～14 千克 | 7～10 千克 |
| 体重管理计划 | 注意饮食均衡，预防营养不良 | 正常饮食，适度运动即可 | 定期产检，严格控制体重，切忌暴饮暴食 |

## 合理控制孕期体重的方法

◆饮食结构合理，讲究粗细搭配，少吃甜食和油炸食品。不暴饮暴食，尽量养成定时定量的进餐习惯。

◆改变进食行为。饭前先喝汤，再吃菜，最后吃主食。食量较大的二胎妈妈可以尝试将餐具改小一号或者采用分餐制，从而控制进餐量。

◆留意食物的热量，多吃一些有营养但不容易长胖的食物，例如燕麦、豆制品，以及新鲜的蔬果等，既满足身体的营养需求，又不会过度长胖。

◆适当进行孕期锻炼，前提是在没有身体不适的情况下。散步、孕期瑜伽等轻缓、柔和的运动方式较为适合。

## 10 带着大宝一起做运动

出于对胎儿安全的考虑，很多二胎妈妈不会在孕期做运动，其实胎儿并没有那么娇弱，适当的运动不仅对母子有利，而且带上大宝一起做运动，还会让大宝感觉到更多的爱和关注，减少其内心的失落感和对即将到来的二宝的排斥感。

### 孕期散步

◆散步是孕期运动的首选推荐项目，不论处于孕期的哪个阶段，只要身体条件允许，都可以进行。可以选择空气清新的公园或是车辆较少的林荫道，在清晨或者晚饭后去散步。

◆孕期散步可以使二胎妈妈的血压、呼吸等处于相对平稳的状态，有利于身心健康，还能改善胎盘供血量，保证胎儿的生长发育。

◆带着大宝一起，呼吸着新鲜的空气，观赏着自然风景，和大宝聊聊天或者尝试着引导大宝增进与二宝的感情，在轻松愉快的环境下进行孕期运动。

### 孕妇体操

◆孕妇体操适合二胎妈妈在家中练习，尤其是到了孕中期。不同的动作可以锻炼不同的身体部位，动作舒缓、轻柔，能使身心得到放松，也是孕期一项不错的运动。

◆二胎妈妈通过做孕妇体操，可以增强自身的体力和肌肉张力，增加身体的柔韧度，缓解孕期不适，改善睡眠，同时还有利于胎儿各项器官的发育。

除以上列举的两项孕期运动外，游泳、健身球等运动方式同样适合二胎妈妈和大宝一起练习。让大宝参与运动，除了可以使大宝得到更多的爱，同时还能建立起大宝和二宝的感情。

## 11 警惕瘢痕妊娠

瘢痕妊娠是指有过剖宫产史的女性，当再次妊娠时，孕囊着床在子宫瘢痕上，随着妊娠进程的发展，绒毛侵入子宫肌层，容易导致阴道出血甚至子宫破裂，是一种较难处理的异常妊娠。经过剖宫产手术后，子宫瘢痕处的内膜与肌层被破坏以及瘢痕愈合不良、剖宫产次数增加、反复人流等因素也都与瘢痕妊娠的发生有关。

现在，越来越多的家庭选择要二胎，随之而来的瘢痕妊娠也明显增多。具体的原因是什么，该如何预防？我们来听听专家怎么说。

子宫上有瘢痕的二胎妈妈，应注意个人卫生和性生活卫生，避免盆腔感染，减少宫腔操作手术，降低子宫瘢痕风险。

通过B超检查，及时确诊是否为瘢痕妊娠。如果是，则要及时终止妊娠，预防子宫破裂、大出血等并发症的发生。

由于瘢痕妊娠时，孕卵着床部位的肌层薄弱，盲目清宫，会因血管不能闭合而导致大出血，因此不能贸然进行清宫术。

医生会根据病灶部位、孕囊侵入子宫壁的深度以及生育要求等，制订治疗方案，如药物治疗、切除病灶、介入治疗等。

通常瘢痕妊娠的二胎妈妈在孕早期没有明显的不适症状，表现为无痛性少量阴道出血，部分患者有轻微腹痛，容易被忽略。建议子宫上有瘢痕且又怀孕的二胎妈妈去医院就医时，进行彩色多普勒血流显像（CDFI）筛查，并和医生充分沟通与配合，及早发现瘢痕妊娠并予以治疗。

## 12 合理调适情绪

既要照顾好大宝，又要同时兼顾自身工作；既要关注肚子中的二胎宝宝，又要处理日常家务，更要面对孕期不适……诸多原因难免会让二胎妈妈出现孕期的情绪波动。避免孕期不良情绪对胎儿造成影响，调节孕期情绪势在必行。

孕期出现的担心和焦虑等情绪时常困扰着二胎妈妈。可以通过转移自己的注意力，如看书或听音乐来缓解焦虑的情绪，让自己变得开朗起来。

气大伤身，情绪不好不仅会影响二胎妈妈的健康，胎儿出生后也很可能是易怒的性格。二胎妈妈应有意识地做点别的事情来让自己冷静下来。

一部分二胎妈妈会变得多愁善感、自怨自艾，这些不良情绪会影响腹中的胎儿。二胎妈妈可以找人倾诉内心的不快，看场愉快的电影，来消解内心的忧愁。

由于过分担心，二胎妈妈会不受控制地想象一些不好的事情，担心坏事降临在自己或者胎儿身上，时刻处于恐惧之中。二胎妈妈应跟宝爸沟通，以期得到宽慰和劝解。

如果家庭和工作让二胎妈妈感觉有压力或者太过劳累的话，可以尝试着跟单位领导协商工作，日常家务可以让宝爸或者家中的长辈多分担一些。

# 四、孕期营养的补充

在孕期，胎宝宝和孕妈妈的身体变化遵循着一定的规律，不同时期对营养的需求各不相同，因此孕期营养的补充应该分阶段进行，各有侧重。在怀孕期间，如果孕妈妈能够制订一个合理的饮食计划，将会为自身和胎儿的健康奠定良好的基础。

## 1 孕早期营养的补充与饮食安排

孕早期是胚胎形成的关键时期，大多数孕妈妈会出现孕吐、乏力等妊娠反应，切实感受到胎宝宝的存在。为了让胎宝宝顺利生长，在此期间，给孕妈妈补充营养至关重要。

### 孕早期的饮食原则

**饮食宜清淡。**在孕早期，孕妈妈适合吃一些清淡易消化、新鲜少异味的食物。因为在这一阶段，多数孕妈妈的胃口都不好，会有不同程度的恶心、呕吐、偏食、不能闻某种气味、疲倦等早孕反应。

**营养要均衡且丰富。**孕妈妈需要从饮食中摄取所需的各种营养素，不同的食物所含的营养成分及比例不同，因此，孕妈妈的饮食不可单一和重复，每天的饮食要尽量多样化，既相互搭配，又富于变化，还要有营养。

**一定要吃早餐。**有些孕妈妈在怀孕前就有睡懒觉的习惯，很多时候都是早餐、午餐合为一餐。但是怀孕之后，这种习惯必须改掉，因为早餐对于孕妈妈和胎宝宝来说都是十分重要的，从早餐中摄取的营养素和能量对于血糖的调控具有重要的意义。

**忌营养过剩。**一些孕妈妈片面地认为吃得越好，营养越丰富，对胎宝宝越有利，所以在孕期对饮食采取“多多益善”和“见好就吃”的态度，结果造成体重增长过快，容易生出巨大儿，不仅给分娩造成困难，而且也会造成孕妈妈产后发胖。

**尽量不要吃油条。**油条在制作时，加入了一定量的明矾，而明矾是一种含铝的无机物。明矾中的铝会通过胎盘侵入胎儿的大脑，使其形成大脑障碍，增加痴呆儿的发生概率，所以孕妈妈尽量不要吃油条。

## 孕早期需要重点补充的营养素

### 叶酸

胎宝宝神经管发育的关键时期在怀孕的第 17～30 天。此时若叶酸摄入不足，容易引起胎宝宝神经系统发育异常。此时每日所需的叶酸量为 600～800 微克，最多不能超过 1000 微克。

### 蛋白质

对于孕妈妈来说，这一时期需要补充充足的优质蛋白质，每天摄取的量应保证在 60～80 克，以保证受精卵的发育。

### 锌

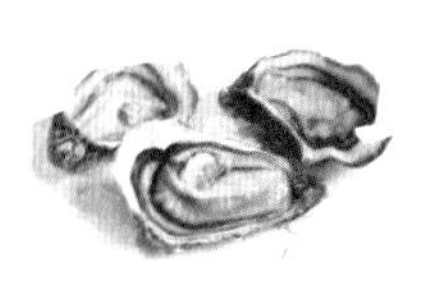

锌缺乏会造成胎宝宝发育迟缓、免疫力低下、神经系统发育障碍等后果。在整个孕期，每天推荐的锌的摄入量为 20 毫克左右。

### 镁

镁元素可参与核酸的合成，对遗传过程具有十分重要的作用。只要孕妈妈饮食均衡，就能摄入足够的镁，不需要额外补充。

### 膳食纤维

怀孕后，很多孕妈妈会受到便秘的困扰。膳食纤维可刺激消化液的分泌，促进肠道蠕动，是改善便秘的得力助手。

### 维生素 E

维生素 E，又名生育酚，具有安胎、保胎以及预防习惯性流产的作用，还有利于胎儿肺部的发育。孕妈妈每日维生素 E 的摄取量以 14 毫克为宜。

### 碘

在怀孕的第 3 个月，胎宝宝的大脑神经细胞开始增殖。如果缺碘，有可能使胎儿患上呆小症。孕前或者怀孕头 3 个月是补碘的关键期，孕妈妈应保证每日碘的摄取量在 175 微克左右。

# 牛肉炒菠菜

## 原料

牛肉……150克
菠菜……85克
葱段、蒜末……各少许

## 调料

盐……3克
鸡粉……少许
料酒……4毫升
生抽……5毫升
水淀粉、食用油……各适量

## 做法

1 将洗净的菠菜切长段，将洗好的牛肉切薄片。
2 将牛肉片装碗，加盐、鸡粉、料酒、生抽、水淀粉、食用油，腌渍后备用。
3 用油起锅，放入牛肉，炒匀，至其转色，撒上葱段、蒜末，炒香。
4 倒入菠菜，炒散，加入少许盐、鸡粉，炒匀、炒透。
5 关火后盛出菜肴，装在盘中即可。

**营养功效** 菠菜富含叶酸，还有补血、美白皮肤、抗衰老等作用，搭配牛肉一起炒制，能为孕妈妈提供孕期所需的多种营养。

# 海带紫菜瓜片汤

原料＞

水发海带……………200 克
冬瓜……………………170 克
水发紫菜………………90 克

调料＞

盐、鸡粉……………各 2 克
芝麻油…………………适量

做法＞

1 将洗净的冬瓜去皮、切片。将洗好的海带切成细丝备用。
2 在砂锅中注入适量清水并烧开，放入冬瓜片、海带丝，搅散，大火煮沸。
3 盖上盖，煮约 10 分钟，至食材熟透。
4 揭盖，倒入洗净的紫菜，搅散，加入盐、鸡粉，搅匀。
5 放入芝麻油，继续煮一会儿，至汤汁入味。
6 关火后，将煮好的汤盛入碗中即可。

营养功效　富含碘的海带与富含镁的紫菜搭配冬瓜煮汤，不仅能为孕妈妈补充孕早期所需的营养素，而且还能促进胃肠蠕动，防治孕期便秘。

## 2 孕中期营养的补充与饮食安排

步入孕中期后，胎儿的生长发育进入了稳定而又快速的时期，而孕妈妈痛苦的孕吐反应也已基本消失，食欲开始有所增加，此阶段饮食的重点是补足营养。

### 孕中期的饮食原则

**合理搭配食物。**进入孕中期后，孕妈妈摄取的食物种类逐渐丰富起来，因此要制订合理的饮食计划，其中，做好食物搭配是重点，包括饭菜的荤素搭配、粗细搭配、干稀搭配等。这样不仅有利于保证身体摄入均衡、全面的营养，而且对孕中期胎儿的健康成长也非常有利。

**多吃一些能量型食物。**孕妈妈进入孕中期后，胃口已经好转，胎宝宝体重会不断增加，每周大约增重 300 克，此时的孕妈妈可以多吃一些能量型食品，如麦片粥、香蕉、瘦肉等，以满足胎儿和自身的需要。

**选择正确的零食。**除正餐外，孕妈妈可以吃一点儿零食，以拓宽养分的供给渠道。孕妈妈可以嗑少量的瓜子，如西瓜子、南瓜子等。西瓜子含亚油酸多，而亚油酸可以转化成 DHA；南瓜子的优势则在于营养全面，蛋白质、脂肪、糖类、钙、铁、胡萝卜素、B 族维生素、烟酸等应有尽有。

**不要吃太多的水果。**虽然水果中含有丰富的无机盐和维生素，孕妈妈适当吃水果可以减轻妊娠反应，但是水果中的糖分含量高，孕妈妈摄入过多的糖分，容易诱发妊娠期肥胖、妊娠期糖尿病、巨大儿等。所以，孕妈妈不要吃太多的水果，每天以 500 克为宜，还应遵循时令，多样化地选择水果种类。

**忌吃不易消化的食物。**孕妈妈最好选择食用粥、面条、豆腐、牛奶、香蕉等易于消化的食物。不要吃硬米饭、黄豆、年糕及油炸食物，也不要喝冷牛奶，因为这些食物都不易消化，食用后可能会导致孕妈妈消化不良，出现便秘等症状。

**忌饥饱不一。**如果孕妈妈不吃饭，胎宝宝将得不到所需的营养，他就会使用孕妈妈所储存的营养，使孕妈妈变得虚弱。

## 孕中期需要重点补充的营养素

**碳水化合物**

胎宝宝在孕中期会消耗掉孕妈妈更多的热量来长身体，因此维持碳水化合物的供应十分重要。

**蛋白质**

在孕中期，胎宝宝的身体器官迅速发育，对蛋白质的需求增多。相较于孕早期而言，孕中期每日可增加摄入 9 克优质蛋白质。

**维生素 A**

这一时期胎宝宝的视力、听力等都在发育中，如果此时孕妈妈体内的维生素A供给充足的话，可以促进胎宝宝视力、听力的发育。这一时期每天维生素A的摄入量为20毫克左右。

**钙**

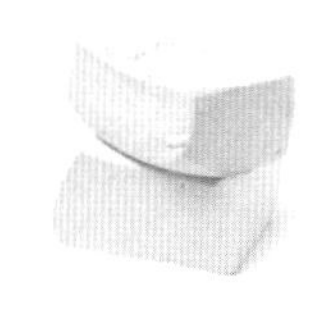

胎宝宝的骨骼、牙齿、五官和四肢在怀孕 4 个月时开始发育。孕妈妈每日应摄取 1200 毫克的钙，以保证宝宝恒牙胚和骨骼的发育。

**铁**

由于胎盘增长和孕妈妈自身血容量增加，孕妈妈很容易出现缺铁性贫血的症状。适当补充铁元素，可以预防贫血现象的发生。

**维生素 D**

维生素 D 可以促进钙、磷的吸收及其在骨骼中的沉积，促进胎宝宝骨骼和牙齿的发育。

**脂肪**

怀孕 5 个月后，胎宝宝的大脑进入发育的关键期，脂肪作为大脑的组成物质之一，也应该适当补充一些。

**DHA**

从孕 18 周开始到产前 3 个月，是胎宝宝中枢神经元分裂和成熟最快的时期，DHA 能促进胎宝宝脑神经细胞的发育。

## 猪肝熘丝瓜

**原料>**

丝瓜……100克

猪肝……150克

红椒……25克

姜片、蒜末、葱段……各少许

**调料>**

盐、鸡粉……各2克

生抽……3毫升

料酒……6毫升

水淀粉、食用油……各适量

**做法>**

1 洗净去皮的丝瓜并切小块，红椒切片。

2 将洗净的猪肝切片，装碗，加盐、鸡粉、料酒、水淀粉，腌至入味。

3 在开水锅中倒入猪肝片，煮1分钟。

4 用油起锅，爆香姜片、蒜末，倒入猪肝片，翻炒匀，放入丝瓜、红椒，炒匀，加入料酒、生抽、盐、鸡粉，炒至入味，注入清水，略煮片刻，倒入水淀粉，撒上葱段，炒香。

5 关火后盛出炒好的菜肴即可。

**营养功效** 猪肝不仅含有丰富的铁，能为孕妇补血，而且还可以改善人的视力，孕期可以适量食用动物肝脏，但每周最好不超过两次。

# 胡萝卜红豆饭

## 原料 >

去皮胡萝卜……………55 克
水发糯米………………90 克
水发红豆………………40 克
豌豆……………………40 克

## 做法 >

1 将洗净去皮的胡萝卜切碎。
2 在砂锅中注水烧热，倒入泡好的糯米，放入洗净的豌豆。
3 倒入泡好的红豆，放入切好的胡萝卜碎，搅拌均匀。
4 加盖，用大火煮开后转小火继续煮 50 分钟至食材熟软。
5 揭盖，用汤勺将豌豆压碎。
6 关火后盛出煮好的饭，装碗即可。

营养功效　豆类可以强健骨骼；胡萝卜健胃消食，可以改善消化不良；红豆能祛湿利尿，三者搭配，是适合孕妈妈食用的健康主食。

## 3 孕晚期营养的补充与饮食安排

孕晚期是宝宝生长发育的冲刺阶段，孕妈妈的饮食依然不能放松，但不能毫无节制，在满足宝宝需求的同时，也要适当控制体重，为分娩做准备。

### 孕晚期的饮食原则

多吃利尿消肿的食物。在孕晚期，很多孕妈妈都会出现水肿的情况。一般的孕期水肿不需要特别治疗，它会在分娩后自动消失。如果想要减轻水肿，除了可以在日常生活中采取相应的措施，还可以在饮食方面进行调理。许多食物都有一定的利尿功效，食用后可以去除体内多余的水分，孕妈妈不妨尝试一下，例如鲫鱼、鲤鱼、冬瓜、红豆、芹菜、玉米须等。但孕妈妈不可擅自服用利尿药物，以免影响胎儿的生长发育。

适当吃些补血的食物。在孕晚期，如果贫血症状不能得到改善，容易使胎儿得不到足够的养料，而且孕妈妈在分娩过程中还会出血，生产后会加重妈妈的贫血症状，对身体的恢复极为不利，同时还会影响产后乳汁的分泌，所以这个阶段可以适当吃些补血的食物。

要控制盐分和水分的摄入。在孕晚期，不少孕妈妈仍然有水肿的现象，如果摄入过多的盐分和水分，会加重水肿的症状。孕妈妈的饮食宜清淡，每天盐分的摄入量不应超过 6 克。傍晚以后，孕妈妈要少饮水，因为体内水分增多的话，容易出现尿频和夜尿增多的现象。为了保证良好的睡眠质量，孕妈妈要合理饮水。

少食多餐。孕妈妈宜采取少食多餐的饮食方法，每顿不宜过饱，以免食物摄入过多，使胃部扩张，令子宫挤压到胃部，引起不适。孕晚期依然可以坚持每天吃 5～6 餐，多吃一些养胃和利于消化的食物。

不要刻意节食。有的孕妈妈担心自己的体重增长过快、过多，使将来分娩困难，或胎宝宝出生后过胖；也有的孕妈妈怕孕期吃太多会影响自己的体形，从而刻意节食，这是不可取的。据科学统计，女性孕期要比孕前增重 约 11 千克，才是理想的、正常的，因此，只要孕妈妈的体重增长在合理的范围内即可，无须刻意节食。

## 孕晚期需要重点补充的营养素

### 碳水化合物

孕8月，胎儿开始在肝脏和皮下储存糖原及脂肪。在此阶段，孕妈妈摄入的碳水化合物不足会造成胎儿蛋白质缺乏或酮症酸中毒。孕妈妈每日摄入的碳水化合物应控制在350～450克。

### α－亚麻酸

在孕晚期，胎宝宝的肝脏可以利用母血中的α－亚麻酸来生成DHA，帮助完善胎宝宝的大脑和视网膜，此时应适量摄取该营养素。

### 维生素 $B_1$

在孕晚期，如果孕妈妈体内的维生素 $B_1$ 不足，会出现呕吐、倦怠等症状，甚至会延长产程。所以在此阶段，孕妈妈应重点补充维生素 $B_1$。

### 铁

孕9月，胎宝宝的肝脏以每天5毫克的速度储存铁，直到储存到240毫克。分娩会造成孕妈妈血液流失，提前补铁不容忽视。

### 维生素 $B_{12}$

在孕晚期，胎宝宝的神经开始发育出起保护作用的髓鞘，并将持续到出生以后。髓鞘的发育有赖于维生素 $B_{12}$ 的吸收。

### 钙

胎宝宝体内钙元素的储存一般是在孕期最后两个月进行的。如果钙元素摄取不足，无法满足胎宝宝的需要，那么在宝宝出生之后较易患软骨病。

### 锌

胎宝宝对锌的需求量在孕晚期最高。孕妈妈体内储存的锌，大部分在胎宝宝成熟期间就已经被利用完了，因此在孕晚期，应保持每日补充16.5克的锌。

# 红枣煮鸡肝

## 原料

鸡肝……150 克
红枣……5 克
葱段、姜片、八角……各少许

## 调料

盐……2 克
鸡粉……3 克
生抽、胡椒粉、料酒……各适量

## 做法

1. 在锅中注水烧开，倒入鸡肝、料酒，汆去血水，捞出，装盘备用。
2. 在砂锅中注水，倒入鸡肝、红枣、葱段、姜片、八角，淋入料酒，拌匀。
3. 盖上盖，用大火煮开后转小火煮 30 分钟至食材熟透。
4. 揭盖，加入生抽、盐、胡椒粉、鸡粉，拌匀。
5. 关火后盛出煮好的菜肴即可。

营养功效

鸡肝中含有维生素 A、维生素 $B_1$、卵磷脂、钙、铁、磷、硒、钾等营养成分，孕妈妈食用既能补血养身，又能帮助胎宝宝益智健脑。

# 鲜虾豆腐煲

## 原料 >

豆腐……160克
虾仁……65克
上海青……85克
干贝……25克
姜片、葱段……各少许

## 调料 >

盐……2克
料酒……5毫升

## 做法 >

1 将洗净的虾仁切开，去除虾线，再将洗好的上海青切成小瓣，然后将洗净的豆腐切成小块。
2 在锅中注水烧开，倒入上海青，拌匀，煮至断生，捞出材料，沥干水分，备用。
3 将砂锅置于火上，倒入高汤，放入干贝、姜片、葱段，淋入料酒，盖上盖，煮至食材变软。
4 揭盖，加入盐，倒入虾仁，放入豆腐块，拌匀，盖上盖，继续煮约10分钟，至食材熟透。揭盖，拌匀，放入上海青，端下砂锅即成。

营养功效　虾、豆腐、干贝是一个极鲜的组合，可以帮助孕妈妈提高食欲。此外，其丰富的营养素能帮助孕妈妈缓解小腿抽筋，促进胎宝宝健康发育。

# 五、定期安排孕期检查

虽说怀孕的时候，胎宝宝和妈妈日夜不分离，但是毕竟隔着一层肚皮，孕妈妈也不知道胎宝宝的发育是否正常，自己的身体状况是否能支撑胎宝宝的健康成长，需要通过科学的监测数据来说明。产检是了解胎宝宝生长发育情况的最好途径。

## 1 孕期检查安排一览表

一般情况下，孕妈妈从怀孕到生产要经历10～12 次产前检查，每次产检的内容不尽相同。为了更好地进行产检，我们先来了解一下整个孕期需要做哪些检查。

| 产检计划 | 产检时间 | 产检项目及保健 |
| --- | --- | --- |
| 第一次产检 | 6～$13^{+6}$ 周 | 建立妊娠期保健手册，确定孕周，推算预产期，评估妊娠期高危因素，测量血压、体重指数、胎心率，化验血常规、尿常规、血型（ABO 和 Rh）、空腹血糖、肝功能和肾功能、乙型肝炎病毒表面抗原、梅毒螺旋体和艾滋病毒，做心电图等。 |
| 第二次产检 | 14～$19^{+6}$ 周 | 分析首次产前检查的结果，测量血压、体重、宫底高度、腹围、胎心率（从本次开始每次产检必查），做唐氏筛查（妊娠中期非整倍体母体血清学筛查）。 |
| 第三次产检 | 20～$23^{+6}$ 周 | 做 B 超大排畸（胎儿系统 B 型超声筛查），化验血常规、尿常规（从本次开始每次产检必查）。 |
| 第四次产检 | 24～$27^{+6}$ 周 | 做妊娠糖尿病筛查 [ 75 克 OGTT（口服葡萄糖耐量试验）]。 |
| 第五次产检 | 28～$31^{+6}$ 周 | 做产科 B 型超声检查。 |
| 第六次产检 | 32～$36^{+6}$ 周 | 做 NST（无刺激胎心监护）检查（从第 34 周开始）。 |
| 第七次～第十一次产检 | 37～$41^{+6}$ 周 | 做 NST 检查（每周必查）及宫颈检查（Bishop 评分，即宫颈成熟度评分法）。 |

## 2 了解重要的检查项目

规范和系统的产前检查是确保母婴健康与安全的关键环节。每次产检都有侧重点，了解孕期重要的检查项目，了解什么时候该做什么检查，这样便于及时发现问题。

### 验孕

若月经已经推迟一周，且有正常的性生活，就有怀孕的可能，此时可以通过尿检或血检来验孕。

尿检是一种常见的验孕方法。当受精卵在子宫内“安家”后，在孕妈妈的体内就会产生一种新的激素，叫作人绒毛膜促性腺激素（HCG），它的作用是维持妊娠。这种激素在受孕 10 天左右就可以从尿液中检测出来。

血液检查是目前最早，也是最准确的测试是否怀孕的检查方法。通常，可在同房后 8～10 天进行抽血检查。

### 排除异常妊娠

通过 B 超检查胎囊（孕囊）、胎心和胚芽是否正常，监测有无胎心搏动和卵黄囊，是宫内妊娠还是宫外妊娠，是否有先兆流产或胎儿停止发育等情况，及时排除异常妊娠。检查时间一般在怀孕后的第 5～8 周。

### NT 检查

NT 检查即胎儿颈后透明带厚度检查，是评估胎宝宝是否可能患有唐氏综合征的一种方法。检查时间一般在怀孕后的第 11～14 周，主要通过经腹 B 超来检查。颈后透明带厚度以 2.2～3.0 毫米为正常，大于 3.0 毫米的为异常，表示胎宝宝有可能是唐氏儿。

### 建档

在医院为孕妈妈建立个人档案，主要是为了能更全面地了解孕妈妈的身体状况和胎宝宝的发育情况，以便更好地应对孕期发生的状况，并为以后的分娩做好准备。

一般而言，怀孕约 6 周以后，需要到社区医院办理好建立健康档案需要的相关证件。在确定了孕期产检和分娩医院后，在怀孕后的第 8～12 周时，可带着相关证件到医院做各项基本检查。待医生看完检查结果，且各项指标都符合条件后，就可以建立个人健康档案了。后续的各项产检、分娩都可以在建档医院进行。

## 唐氏筛查

唐氏筛查是一种通过抽取孕妇血清，检测母体血清中甲型胎儿蛋白、绒毛促性腺激素和游离雌三醇的浓度，并结合孕妈妈的预产期、体重、年龄和采血时的孕周等，计算生出先天缺陷儿的危险系数的检测方法。

唐氏综合征是一种偶发性疾病，每一个孕妈妈都有可能生出唐氏儿，生出唐氏儿的概率会随着孕妈妈年龄的增长而增加。唐氏儿出生后不仅有严重的智力障碍，而且还伴有多种器官的异常，如先天性心脏病等，生活不能自理，需要家人长期照顾，给家庭带来很大的精神和经济负担。所以，为了优生优育，所有的孕妈妈都不宜忽视做该项检查。检查时间一般在怀孕后的第 15～20 周。

唐氏筛查若没有过，或孕妇是 35 岁以上的高龄孕妈妈，建议施行羊膜腔穿刺，以便进一步确认结果。

## B 超大排畸

在孕 21～24 周，医生会给孕妈妈安排 B 超大排畸检查，其主要目的是筛查胎宝宝的体表及器官组织有无异常，另外，此时也是早期发现并及时终止严重异常胎儿妊娠的最佳时间。

一般来说，此时胎儿的大脑正处于突飞猛进的发育时期，胎宝宝的结构已经基本形成，另外，这一时期孕妈妈的羊水相对较多，胎宝宝的大小比例适中，在子宫内有较大的活动空间，胎儿骨骼回声影响也较小，因此，此时进行超声波检查，能比较清晰地看到胎宝宝的各个器官的发育状况，并可以诊断出胎儿头部、四肢、脊柱等畸形的情况。

B 超大排畸的检查时间通常为 15～20 分钟，一般来说，它能检查出大方面的畸形，但新生儿的听力障碍、白内障等疾病是无法检测出来的。

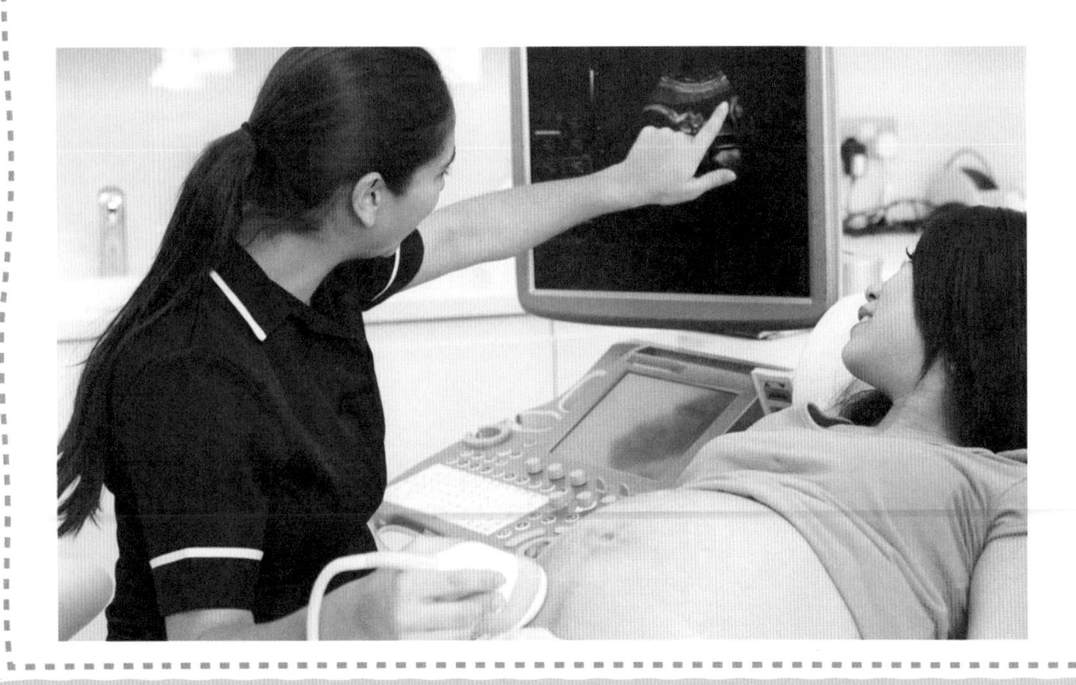

## 宫高和腹围

宫高是指从下腹耻骨联合处到子宫底的长度，是判断子宫大小的数据之一。腹围是指经髂嵴点的腹部水平围长，对二者的测量是判断胎宝宝大小、了解其发育状况的主要依据。宫高和腹围的增长是有一定规律和标准的，一般从孕 20 周开始，每 4 周测量一次，到了孕 28～36 周，每 2 周测量一次，孕 37 周后每周测量一次。孕妈妈既可以在产检时测量宫高和腹围，也可以自己在家测量。如果宫高连续两周都没有发生变化，建议去医院做一下检查。

## 妊娠糖尿病筛查

妊娠糖尿病和普通的糖尿病不一样，对于孕妈妈本身来说，会出现"三多"症状——多饮、多食、多尿，还可能会伴随着生殖系统念珠菌感染的反复发作。而对于腹中的胎儿来说，妊娠糖尿病会影响胎宝宝正常的生长发育速度，导致其发育迟缓甚至停育，因此，妊娠糖尿病筛查至关重要，一定要做此项检查。

妊娠糖尿病筛查一般是在孕 24～28 周时进行，主要是通过测量孕妈妈的空腹血糖值、餐后 1 小时血糖值和餐后 2 小时血糖值，来作为妊娠糖尿病筛查的依据和参考。具体方法是：先进行空腹血糖测定，再将 50 克葡萄糖粉溶于 200 毫升白开水中，5 分钟内喝完，从开始服糖时计时，1 个小时后抽静脉血测血糖值。两项中任何一项的值达到或超过临界值，都需要进一步进行 75 克葡萄糖耐量试验，以明确孕妈妈是否患有妊娠糖尿病。

## 胎动计数

胎儿在妈妈子宫里的活动是反映胎儿发育状况、营养状况以及胎儿健康状态的一种客观表现。正常的胎动表示胎盘功能良好，输送给胎儿的氧气充足，胎儿生长发育正常，这是胎儿告诉妈妈平安的信号。同样，胎儿也可能通过异常的胎动，向妈妈传递他正遭遇危险的信息。

孕妈妈应坚持每天自己计算胎动的次数，感觉它的强度，以此来判断腹中胎儿的状况，在胎儿出现异常胎动时，及早发现问题，及时就医。

## 妊娠高血压综合征筛查

怀孕 32 周以后是妊娠高血压综合征的高发时期，孕期缺乏营养，年龄因素，有高血压病史或家族史，患有慢性高血压、慢性肾炎等，都会增加患此病的风险。一般来说，初产妇的发病率更高，一旦发病，危害很大。因此必须进行此病症的筛查，以免在之后的妊娠和分娩过程中给孕妈妈和胎儿带来严重的危害。

在妊娠高血压综合征的筛查项目中，应了解孕妈妈有无头痛、胸闷、眼花、上腹部疼痛等自觉症状，孕妈妈在平时出现这些症状后，也应该去医院进行检查，不要等到病情严重时再治疗。在筛选检查中，孕妈妈需要进行眼底、体重、血压、尿量、凝血功能、尿常规、心肝肾功能等各项常规检查，还应对胎儿进行胎儿发育情况、胎动、B 超监测胎儿宫内状况、胎心监护和脐动脉血流等各项常规检查。

## 评估胎儿体重

到了孕 34 周，胎儿迅速生长，羊水相对减少，胎儿与子宫壁贴近，胎儿的姿势和位置已经基本固定，建议此时做一次详细的 B 超检查，结果主要是用于评估胎儿的大小，观察胎儿胎位、胎盘成熟度、羊水量、脐动脉血流情况，并预估胎儿体重。一旦发现胎儿体重不足，孕妈妈应多补充一些营养素；若发现胎儿过重，可能需要重新做妊娠糖尿病筛查，在饮食上还要进行全面评估，保证饮食健康，以免发生巨大儿情况，造成难产、产后出血等。

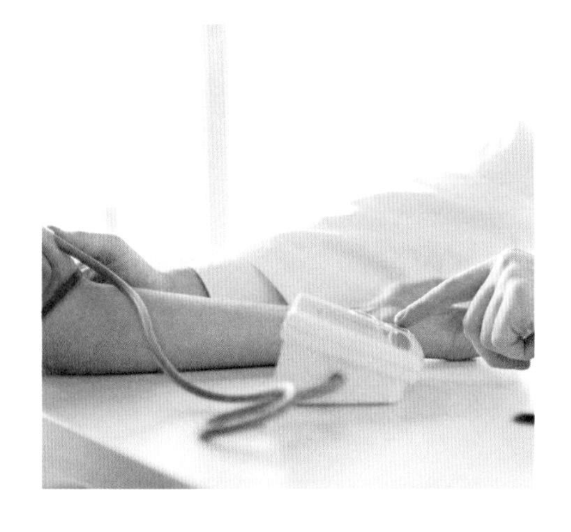

## 测量骨盆

通过对孕妈妈骨盆的测量检查，即对骨盆内径和骨盆出口大小的测量，医生能够估计出胎宝宝与骨盆之间的比例，从而判断孕妈妈是否能够自然分娩，狭小或畸形骨盆均可引起难产。因此骨盆检查是非常必要的，通常在孕 37 周时进行，如果骨盆内径过窄、出口过小，医生会建议孕妈妈采取剖宫产。

骨盆大小和形态因个人的身体发育、营养状况、遗传和种族差异而有所不同，骨盆的大小只要在正常值范围内即可。

## 胎心监护

进入孕晚期后，胎心监护是每次产检都必不可少的项目，通过检测胎动和胎心率，可以了解胎儿神经系统状态及胎儿宫内健康状况。胎心监护仪能连续、动态地观察和记录胎心率的变化，并可同时配以子宫收缩仪，以了解胎心与胎动及宫缩的动态关系，从而进行仔细分析。

### 临产检查

临产检查需要观察孕妈妈的血压、脉搏、体温的变化，检查宫缩的周期、持续时间以及强度等，还需要检查羊水，进行宫颈指诊检查，以确保顺利生产。

羊水在孕妈妈临产时可以起到缓冲的作用，避免胎儿直接受到外力的作用。羊水的性状、多少可以很好地反映胎儿在宫内的状况，可作为判断宝宝成熟度的依据，羊水一旦破裂，就意味着孕妈妈可能要进入生产过程了。

宫颈指诊检查又称宫颈成熟度检查，医生可通过该项检查判断准妈妈是否适合顺产，能够避免在生产的过程中出现无法预料的危险，此外，还能提前预测生产时间，避免宫颈过度成熟引起早产或是宫颈不够成熟而导致妊娠时间过长。通过此项检查，医生还可以更方便地确定出剖宫产的最佳手术时机，缩短生产时间，并降低手术过程中发生危险的概率。

## 3 孕期检查注意事项

为保证检查结果的准确性，二胎妈妈的孕期检查总有大大小小的事项需要注意。

### 如实相告

体检时，医生可能会询问一些情况，包括过去的病史、最近 3 个月的月经情况、妊娠次数等，二胎妈妈不能故意隐瞒实情，以免妨碍医生做出准确的判断。

### 清洗外阴

检查前的 24 小时内可以清洗外阴，但不要冲洗阴道，即使阴道分泌物增多、有异味，也不要冲洗，因为水很容易把引起疾病的细菌冲掉，让检查结果缺乏真实性。

### 孕早期的 B 超检查需要憋尿

在孕早期的检查中，B 超检查需要在膀胱充盈的前提下来做，这样才能更好地观察子宫内的情况。因此，要在 B 超检查之前憋尿。

### 有计划地禁食

检查的当天凌晨，也就是 0 点开始，要禁止进食，禁止喝水，因为肝功能、血糖、血脂检查都需要空腹进行，否则会影响检查的数值。

### 收集晨尿

收集早晨第一次排出的尿液，留取中段尿，将其放入干净的小玻璃瓶中，以备化验时用，因为晨尿的化验结果更准确。

# 六、警惕孕期不适

女性怀孕后，为了满足胚胎及胎儿生长发育的需要，全身各系统会发生一系列适应性变化。这些变化虽然是生理性的，却可能引起近乎病态的孕期不适症状。此时，孕妈妈需要了解这些孕期不适，提高警惕，找到合适的防治方法，以确保孕妈妈和胎儿的健康。

## 1 早孕反应

早孕反应是指在妊娠早期出现的恶心呕吐、头晕、乏力、食欲缺乏、喜酸食物或厌恶油腻等一系列反应，其中，以恶心呕吐为早孕反应的主要症状。怀孕时，孕妈妈的胃酸分泌会减少，胃肠的蠕动变缓慢，就会使食物在胃里长时间停留，孕妈妈在早上起床后或吃过饭后容易发生恶心、呕吐的情况。孕妈妈可以采取以下措施，积极应对早孕反应。

### 早餐一定不能少

有孕吐反应的孕妈妈大部分都有晨起恶心的症状，这是由于很长一段时间没有吃东西而导致体内血糖含量降低造成的。因此，孕妈妈早晨起床之前应该先吃些含蛋白质、碳水化合物的食物，如温牛奶加苏打饼干，再去洗漱，以此来缓解症状。此外，清晨不要太着急起床，起床太猛了会加重反胃的症状。

### 监测体重

虽然怀孕初期，胚胎主要处在细胞分化阶段，生长发育速度很慢，不需要额外增加热量，孕吐不会影响到胎儿的营养吸收，但还是需要随时监测体重，以免孕妈妈的体重减轻太多，影响到胎儿的生长。

### 水果入菜，增加食欲

呕吐严重时可以尝试将水果入菜，如用柠檬、脐橙、菠萝等材料烹调食物，以增加食欲；也可以加入少量的醋来使食物更美味；还可以试试用酸梅汤、橙汁、甘蔗汁等来缓解妊娠的不适。

### 想吃就吃，干稀搭配

孕妈妈的进食方法以少食多餐为好。每2～3个小时进食一次，一天5～6餐，甚至可以想吃就吃。恶心时吃干的，不恶心时喝稀汤。进食后万一发生呕吐，可做做深呼吸，听听音乐，散散步，以转移注意力，再继续进食。晚上反应较轻时，宜增加食量。

## 2 感冒

孕妈妈因为自身免疫系统的调整，对外来的病毒抵抗力变差，因此更容易受到感冒病毒的侵犯，各种不舒服的症状会持续较久的时间，甚至会较怀孕前来得严重许多。但有一些孕妈妈，由于知道有些药物会对胎儿产生不良的影响，便患上了严重的“恐药症”。不可否认，某些药物对妊娠期胎儿，特别是对孕早期胎儿来说确实存在危害，但是一部分抗菌药在经医生同意后还是可以适当服用的。反之，如果感染病毒之后任其发展，病原体就会侵犯胎盘，祸及胎儿。如果患上感冒，孕妈妈们不要消极拖延，应积极就医，医生会根据孕妈妈的情况来给予指导，给出解决办法。

感冒后许多药都不能用，从而加大了治疗的难度。所以，对待孕期感冒的问题，重点在于预防。那么怎样才能预防孕期感冒呢？这里提供几种方法以供参考。

### 喝白开水

喝白开水不仅能为人体补水，而且还可以起到利尿排毒、消除体内废物的作用，从而防止毒素沉积，预防疾病。

### 用淡盐水漱口

每日早晚、用餐后用淡盐水漱口，以清除口腔病菌。尤其是在流感多发期，要仰头含漱，使盐水充分冲洗咽部效果更佳。

### 用醋熏居室

每日早晚用白醋在室内熏蒸一次，每次 20 分钟，能祛除居室内的病毒。

### 经常搓手

搓手可以促进血液循环，疏通经脉，增强上呼吸道抵御感冒的免疫功能。

有些感冒的孕妈妈会出现发烧的症状。若只是短暂性的轻度发烧，一般来说并不会对母体或胎儿造成伤害。不过有些研究发现，在怀孕5～6周，即神经管发育期，若孕妈妈的体温高过 38.9℃，且持续超过24 小时，就会增加胎儿发生神经管缺损（如无脑儿）的概率。所以孕妈妈需要警惕高烧，要及时就医。

## 3 孕期尿频

尿频是怀孕期间最常见的现象，一是由于妊娠的早期和晚期，增大的子宫或胎头下降压迫膀胱，使膀胱的容量减少，从而引起小便次数增多；二是因为怀孕后母体的代谢产物增加，同时婴儿的代谢产物也要经由母体排出，因而大大增加了肾脏的工作量，使尿量增加，从而发生尿频。当孕妈妈出现尿频症状时，应该注意以下几点。

### 常做缩肛运动

缩肛运动可以训练盆底肌肉的张力，有助于控制排尿；也可以做骨盆放松练习，这样有助于预防压力性尿失禁。

### 避免采取仰卧位

孕妈妈在休息时要注意采取侧卧位，因为侧卧可减轻子宫对输尿管的压迫，防止肾盂、输尿管积存尿液，避免发生感染。

### 少吃利尿食物

孕妈妈因为生理原因本身极易尿频，如果再进食利尿性的食物，像西瓜、蛤蜊、茯苓、冬瓜、海带、泽泻、车前草、玉米须等,就会加剧尿频的情况,影响日常生活，所以应避免多吃。

### 定期去医院进行尿常规检查

即使未出现尿路感染症状，也应每半个月，最多一个月检查一次尿，以便及时发现尿液改变，及时得到治疗。一旦发病，要及时在医生指导下，选择恰当的药物进行积极治疗。

### 及时就医

若小便时有疼痛感，或尿急得无法忍受，则很有可能是因为膀胱发炎或感染了细菌,此时一定要赶紧就医。若治疗不及时、不彻底，常可使病情加重或造成迁延不愈，影响母体和胎儿的健康。

### 不要憋尿

人体贮存尿液的膀胱有一定的伸展性。平时膀胱很小，当尿液越来越多时，膀胱就会被撑大。如果长期不及时排尿，膀胱就会失去弹性，不能恢复原状。另外，这样会使身体产生的废物排不出去，还可能引起尿毒症。

## 4 妊娠期高血压

孕前或孕 12 周前出现高血压，通常为特发性高血压，即非怀孕所引起的高血压。在孕 20 周后出现高血压，即收缩压高于 140 毫米汞柱或舒张压高于 90 毫米汞柱，或妊娠后期的血压比早期收缩压升高 30 毫米汞柱或舒张压升高 15 毫米汞柱，称为妊娠期高血压。妊娠期高血压综合征的临床表现为高血压、蛋白尿、浮肿，严重时还会出现抽搐、昏迷，甚至导致母婴死亡。患病后如不及时治疗，孕妈妈易引起心脑血管疾病、胎盘早期剥离、子痫、心力衰竭、凝血功能障碍、脑出血、肾衰竭及产后血液循环衰竭等，除此之外，妊娠期高血压也会对胎儿产生极为不利的影响，会使胎儿出现宫内缺氧、发育迟缓、早产等情况，宝宝出生后低体重，还有可能会患肺炎、肺透明膜病等呼吸系统疾病。此病一直是导致孕产妇及新生儿死亡的重要原因，需要积极预防和治疗。防治妊娠期高血压的日常护理如下。

### 注意产检

每 1～2 周做一次产检，注意观察是否有水肿、头痛等不适症状，一旦有异常，应提早就诊。自行监测血压，可每天早晚各量一次，并做记录。

### 左侧卧卧床休息

睡姿应选择左侧卧位，可减轻子宫对腹主动脉、下腔动脉的压迫，使回心血量增加，改善子宫胎盘的供血情况，有利于血压的恢复。

### 保持心情愉快

孕妈妈平时精神要放松，可以适当听一些喜爱的轻柔音乐。心情愉快对于预防妊娠期高血压疾病也有很大帮助。

### 留心既往史

如果孕妈妈有肾炎史、高血压史，或者是此前在怀孕时出现过妊娠期高血压状况的话，应及时将详细情况告知医生，以接受专业的指导。同时要了解孕妈妈的外祖母、母亲或姐妹间是否曾经患有妊娠期高血压综合征。如果有这种情况的话，就要考虑遗传因素了。对于这种高危人群来说，更应该增强对孕妇高血压情况的监护。

### 适量运动

除非是医生要求孕妈妈绝对卧床保胎，在其他的情况下，孕妈妈还是可以做一些轻度的体力运动的，如散步和做一些简单的家务劳动，使孕妈妈精神放松，同时也有助于控制体重。

## 5 妊娠期糖尿病

很多孕妈妈认为妊娠期血糖高不用担心，生完孩子血糖就正常了，其实不然，妊娠期糖尿病属于高危妊娠，血糖控制不当，会给母婴双方都带来很大的影响，除了要尽早对妊娠期糖尿病进行诊断和必要的治疗，孕妈妈也应学会如何进行自我管理。

### 饮食管理

孕妇如何通过饮食来控制血糖，以便顺利分娩是孕期饮食管理的重点。控制食物的分量,使用标准的量具,如标准的餐盘、饭碗、水杯和油勺等控制食物分量，避免摄入过量食物。注意餐次分配，少食多餐，将每天应摄入的食物分成五六餐，特别是应注意晚餐与隔天早餐的时间别相距太长，睡前可以吃点儿点心。每日的饮食总量要控制好，在可摄取的分量范围内，多摄取高膳食纤维的食物，如以糙米或五谷米饭取代白米饭，增加蔬菜的摄入量，多吃新鲜的低糖水果，不喝碳酸饮料等。增加饱腹感，放慢进食速度，多吃绿叶蔬菜，增加饮水量，餐后坚持短暂散步。烹饪方法要科学，尽量采用蒸、煮、炖、汆、拌等做菜方法，以减少用油量。

### 运动管理

评估运动指征，排除不能运动的因素，在进餐一个小时后开始运动，每次30～40分钟，防止出现低血糖的情况，如出现腹痛、阴道出血、头晕头痛、憋气、胸痛等症状，应立即终止运动，并及时就医。

### 药物治疗

传统的口服类降糖药因其潜在的致畸作用，并可能引起新生儿持续性低血糖等，一般在妊娠期不宜服用。目前比较公认的，可以安全用于妊娠期控制血糖的药物主要是胰岛素。如果通过生活方式干预血糖仍不能达标，那么就应该考虑服用胰岛素了。

一般来说，大部分妊娠期糖尿病患者在产后，糖代谢都能够恢复正常，但产后5年内是发展为糖尿病的高峰期，并且妊娠期糖尿病患者中可能还包含一部分妊娠前就存在的糖代谢异常者，因此在产后保持健康的生活方式，以及对血糖进行监控也非常重要。

## 6 腰酸背痛

怀孕后，由于子宫日渐增大，身体重心渐渐前移，孕妇会出现特有的挺胸凸肚姿态。这种姿态容易造成胸部脊柱的过度前凸，加上孕晚期孕妈妈的骨关节韧带变得松弛，会增加子宫对腰背部神经的压迫，造成腰背部疼痛。孕妈妈可以通过以下方式改善腰酸背痛的情况。

### 补充营养

在孕期，由于胎儿的快速发育，孕妈妈很容易缺乏钙、铁和维生素等，一旦缺乏这些营养素，就很容易引起腰痛。当腰痛伴有腿抽筋、坐骨神经痛时，除了需要赶快补钙、维生素 $B_1$，还要及时咨询医生，寻求帮助。轻微缺乏者建议以食补为主。

### 保持正确的姿势

正确的站姿是两腿微分，后背伸直，挺胸，收下颌。到了孕中、后期时，更应避免长时间站立，双脚可放于矮凳上，有利于腿部血液循环，稍有不适就要坐下或躺下。孕妇在坐着时可于椅背上放置柔软的靠垫，舒缓背部压力，而在睡觉时则可以采取侧卧姿势，减轻腰部负担，舒缓不适的感觉，在睡觉时还可以在膝关节的下方垫一块软毛巾，以缓解腹肌压力。

### 避免过度劳累

洗衣服、登高放东西、提重物、背太沉的包等都会殃及腰部，孕妈妈应避免做这些事情。

### 按摩和局部热敷

患有腰痛症状的孕妈妈可以在家做居家按摩操，由家人帮忙进行背部按摩，还可以用热毛巾、纱布或者热水袋进行局部热敷，每天热敷半个小时，也可以减轻疼痛感。

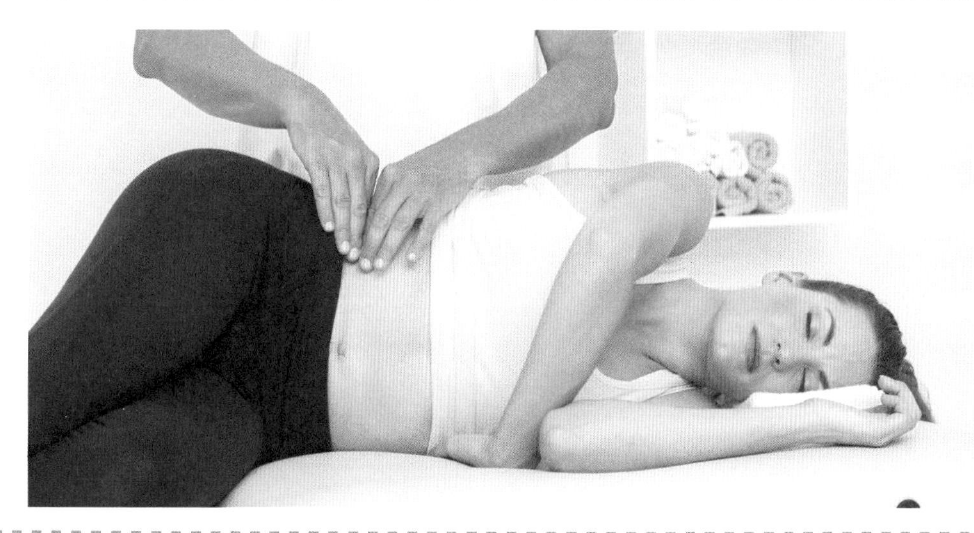

## 7 胃灼热

在孕晚期，随着胎儿的不断长大，腹部的空间越来越小，胃部会被挤压，从而造成胃酸被“推”回食道，导致胃部反酸，给孕妈妈带来胃部灼烧的感觉。以下几种措施有助于缓解胃灼热症状。

### 少食多餐

孕妈妈的饮食最好遵循少食多餐的原则，因为这样可以使胃部不会过度膨胀，减少胃酸逆流的情况发生，从而预防孕期胃灼热情况的出现。

### 饭前喝些牛奶

喝牛奶不仅可以帮助孕妈妈补充营养和钙质，而且牛奶还会在胃部形成一层保护膜，保护胃部，减轻食物对胃部的刺激。因此，孕妈妈在吃饭前可以喝些牛奶。

### 不吃过多的流质食物

孕妈妈如果食用过多的流质食物，会导致胃酸反流，因此还是少吃为好。

### 少进食易引起胃肠不适的食物

过酸的食物或者是醋会使得胃灼热加剧，辛辣食物本身就具有刺激性，高脂肪和油腻的食物不容易被消化，因此留在胃里的时间就会较长，从而引起胃灼热。对于这些食物，孕妈妈应尽量避免食用。

### 避免过于肥胖

肥胖的孕妈妈食管下段括约肌的功能相对较弱，较体重正常的孕妈妈而言更易发生胃灼热，所以在孕期，孕妈妈一定要控制好体重，避免过于肥胖。

### 饭后不要立即躺下

孕妈妈在饭后的半个小时到一个小时内要避免卧床，建议站立或者是走动至少半个小时，这样可以加快食物通过胃部的速度，减轻胃的负担。

### 睡觉时垫高上身

孕妈妈睡觉时不妨用枕头垫高上半身，以身体与床面成 10° ～15° 为宜，这样能缓解反流症状。不过，切忌将整个上半身都抬高。

### 服装宽松

衣着以宽松为主，这样不仅舒适，而且可以减轻反流症状。因为过紧的衣服会勒着腰部和腹部，给腹部以压力。

## 8 腿部抽筋

到了孕中、晚期，很多孕妈妈都会出现腿部抽筋的现象，因为此时的胎儿处于用钙高峰期，其骨骼、牙齿钙化加速，如果此时孕妈妈钙的摄入不足，就会引起腿部抽筋。当然，妊娠期腹内压力的增加会使血液循环不畅，这也是造成腿部抽筋的原因之一。通过以下方法可以有效预防腿部抽筋现象的发生。

### 饮食多样化

多吃鱼、豆腐、芝麻等含钙量丰富的食物，每天喝一杯牛奶。

### 适当进行户外活动

天气晴好时多出门晒太阳，这样可以补充维生素 D，维生素 D 可以促进钙的吸收。

### 生活起居多留意

在身体允许的情况下适度锻炼，同时多注意休息，避免长时间站立或走路。腿脚保暖要做好，平时穿着舒适的棉袜，尤其是在寒冷的冬季，下身要多穿一些，避免感冒受凉和腿部血液循环不畅。

### 用温水泡脚

每天睡觉前可以用温水泡脚，最好能泡到小腿肚以上，以促进血液循环，镇静安神，预防腿抽筋和失眠。平时腿脚寒凉的孕妈妈，还可以把生姜切片加水煮开后，用来泡脚。

### 热敷

每天睡觉前用湿热的毛巾热敷小腿，也可以使全身血管扩张，避免出现腿部抽筋的情况。

### 采取左侧卧式睡眠

睡觉时采取左侧卧的姿势，并在膝关节处和下背部各垫一个结实的枕头，这样做可以减轻腿部和背部的压力，预防抽筋。

### 按摩腿脚

睡前按摩小腿肌肉，有利于肌肉的放松，也可以促进局部血液循环，减少抽筋情况的发生。

当腿部抽筋发作时，孕妈妈应坐在地板或床上，把痉挛的那条腿向侧面伸开，脚尖上翘后弯，另一条腿自然弯曲，脚跟冲着腹股沟，然后把抽筋的那条腿伸直，同时俯身向前去触脚趾，保持这种姿势几秒钟。注意不要把脚趾指向前方，而是将脚趾拉向你，否则会让已经抽筋的肌肉进一步收缩。

随着孕期腹部的增大，孕妈妈去够脚趾可能会越来越勉强，此时可以让宝爸帮忙。

## 9 孕期水肿

孕妈妈血容量比孕前大大增加，也使得毛细血管的通透性增加，尤其是在患有妊娠期高血压综合征时，会使全身小动脉痉挛而造成毛细血管缺氧，使血管内的液体成分渗出血管，积聚在组织间隙中造成水肿。孕妈妈可以通过以下方式缓解孕期水肿。

### 饮食要合理

患有水肿的孕妈妈应少吃盐，饮食要清淡，因为食盐过多会加重水钠潴留，更容易出现水肿或加重水肿的症状。孕妈妈每天都应吃新鲜蔬果，补充维生素和蛋白质等，提高身体的免疫力，促进新陈代谢，有利于解毒利尿。患有此症的孕妈妈，不宜吃难以消化和容易引起胀气的食物，如果引起腹胀，就会造成血液回流不畅，从而加重水肿的症状。

### 适量饮水

孕妈妈可适量饮水，帮助排出体内多余的盐分，但不可过量饮水，否则会加重水肿的症状。

### 注意休息

增加卧床休息的时间，以改善下肢血液回流的情况。不要长时间站立或坐，以免阻碍腿部的血液循环，孕妈妈可以时不时地屈伸一下双腿来增强腿部的血液循环。在坐着或平躺的时候，也可以通过抬高双腿和双手来减轻水肿的症状。睡觉的时候尽量不要采取仰卧姿势，以免子宫压迫主血管，阻碍血液循环。

### 睡前泡脚、按摩

孕妈妈可以通过睡前泡脚，加速血液循环，促进血液回流，缓解水肿的症状。如果泡脚后进行适当按摩，且按摩时从小腿方向逐渐向上，效果会更好。

### 适当运动可减轻水肿症状

适当运动可增强血液循环，并减轻水肿症状，比如说散步可以促进小腿肌肉的收缩，从而使静脉血顺利地返回心脏。适合孕期的游泳运动能够活动四肢，促进手臂和双腿的血液循环。

### 该就医时及时就医

当水肿引发妊娠期高血压或先兆子痫等疾病时，要引起重视。当腿部水肿不断恶化，按压水肿部位会留下明显的小坑，且抬高腿也无法减轻症状时，应该及时就医。

## 10 孕期便秘

孕期便秘常发于孕晚期，大家要知道，对于孕晚期的孕妈妈来说，便秘很可能会导致早产，所以在这个阶段，做好预防便秘的措施是非常必要的。

### 起床后先喝杯温开水

每天早晨起床后先喝一杯温开水，可以刺激肠胃蠕动，增加粪便的含水量，使粪便变得柔软，也更易排出。

### 注意饮水技巧

受到便秘困扰的孕妈妈平时要多喝水，同时还要掌握喝水的技巧。比如每天在固定的时间内喝水，并且大口大口地喝。采取这样的喝水方式能让水尽快到达结肠，使粪便变得松软，更容易排出体外。

### 调理好饮食

除了一日三餐要正常、规律，并补充足够的水分，还要有意识地摄入膳食纤维、乳酸菌等。比如每天适当吃一些五谷杂粮，新鲜蔬果要多吃，每天喝一杯酸奶等。

### 保持心情愉快

孕妈妈要合理安排日常工作，学会舒缓工作压力，保证每天 8 个小时以上的睡眠时间。孕妈妈不要因呕吐不适而心烦意乱，烦躁的心态也可能导致便秘的发生，不妨多做一些感兴趣的事，比如欣赏音乐、观花、阅读等，尽量回避不良的精神刺激。

### 养成定时排便的好习惯

坚持每天都在同样的时间上厕所，即使刚开始时没有便意，时间久了，身体和大脑都会顺应这样的习惯，一到固定的时间，大脑就会主动发出排便的指示。

### 坚持运动

运动可以帮助促进血液循环，加速肠道蠕动。即使身体很笨重，也最好每天在可承受的范围内坚持做一些轻松的运动，比如做些简单的家务，每天都散散步等。

### 泻药不能随便用

如果孕妈妈的便秘症状不能通过饮食和运动等方法得到缓解，就必须及时就医，根据医生的指示口服孕妇可以服用的通便药物，切不能随意服用泻药，特别是在孕晚期时，因为大多数泻药都有引起子宫收缩的可能，易导致流产或早产情况的发生。

## 11 前置胎盘

在本书前面的章节中介绍过前置胎盘的概念和种类，前置胎盘是引起妊娠晚期出血的主要原因之一，是妊娠期的严重并发症，多见于经产妇，尤其是多产妇。如果不积极预防或护理不当的话，可能会危害母婴的生命安全。为了保证母婴的健康，孕妈妈应采取以下措施来应对前置胎盘情况的发生。

### 适当休息

在孕晚期，孕妈妈应适当卧床休息，不宜太劳累，也不要做太激烈的运动，以免引起出血或其他症状。卧床休息时宜采取左侧卧位。为了防止发生肌肉萎缩，家人可以为孕妈妈按摩下肢。

### 避免腹部用力

到了孕中、晚期，孕妈妈的一些生活细节更要多加小心，不宜搬重物，咳嗽和排便时不要过度使用腹部出力，做下蹲姿势或变换体位时动作要缓慢，以免发生危险。

### 视情况暂停性行为

到了孕晚期，一般不建议孕妈妈过性生活，特别是有出血症状的孕妈妈，应暂停性行为，以免压迫腹部，引起胎盘前置。

### 随时监测胎动

孕妈妈每日都要留意胎动是否正常，如果觉得胎动明显减少，就需要尽快就医检查。

### 挑选合适的产检医院

如果孕妈妈前置胎盘的情况较为严重，最好选择去大医院或医学中心产检，一旦发生早产、大出血等问题，这些医院可以对症状进行及时处理。

### 及时就医

患者一旦发生出血情况，无论血量多少，都应及时到医院检查治疗。平时如果突然出现腹痛，也要马上去医院检查。

## 12 胎盘早剥

正常情况下，胎盘从子宫壁剥离的时间应该是在胎儿娩出后，如果在怀孕 20 周以后胎儿娩出之前就发生胎盘部分或全部剥离，则称为胎盘早剥。预防胎盘早剥情况的发生，应从以下几个方面做起。

### 预防妊娠期高血压综合征

孕妇在怀孕中、晚期容易出现妊娠期高血压综合征，可能会导致胎盘早剥情况的发生。一旦孕妇出现水肿、蛋白尿和高血压等症状，一定要尽早去医院诊治。

### 注意安全

孕期走路要小心，尤其是在上下台阶时。不去人多拥挤的地方，尽量不坐公交车，以防发生摔倒等意外情况。

### 按时做产前检查

产检对于孕妇来说非常重要，通过超声波等检查，可及时发现孕妇是否有胎盘早剥问题，患有高血压、肾脏疾病的孕妈妈更要特别注意。

### 及时就医

在孕晚期如果有突发性腹痛以及阴道出血等情况，应即刻就医。如果发现有胎盘脱落现象，就要停止妊娠，最好在发生胎盘早剥情况后的 6 个小时内完成生产。如果只发生了一点儿胎盘早剥，胎儿并没有出现宫内窘迫的情况，进行自然生产可能还是行得通的。如果胎盘早剥严重，胎儿血液供应遇到障碍或出现持续出血，就需要进行紧急剖宫产。

## 13 胎膜早破

胎膜早破是指胎膜在生产之前就破裂了，这样容易引起流产、早产和新生儿感染，当症状出现后应立即就医。一般针对不同孕周的胎膜早破，会有不同的处理方法。

### 怀孕不足 34 周的处理

应注意休息，采取左侧卧位，抬高臀部，以减少羊水流出，防止脐带脱垂。还应注意保持外阴的清洁，预防宫腔感染，密切观察自身的体温、心率等变化，并加强对胎儿的监测。

### 临近预产期胎膜早破的处理

在排除胎位不正、骨盆狭窄、胎头先露已入盆的情况下，可以等候自然生产，如果破膜超过 24 小时仍无临产征兆，则可能需要进行剖宫产。

# 七、让大宝也参与到孕期胎教中来

在孕育二胎的过程中，二胎妈妈不可忽视大宝的作用，比如，在给二胎做胎教时，可以让大宝也参与进来，这样不仅能调动大宝的积极性，还能在无形中培养两个孩子之间的感情，让大宝更容易接受即将到来的二宝，何乐而不为呢？

## 1 让大宝参与胎教的作用

随着二孩生育政策的放开，越来越多的父母开始计划要二胎。他们不仅关心孩子的健康问题，也很重视孩子的教育，要想让孩子不输在起跑线上，从生命最初形成之时起，就应做好胎教，给二胎宝宝最好的熏陶。

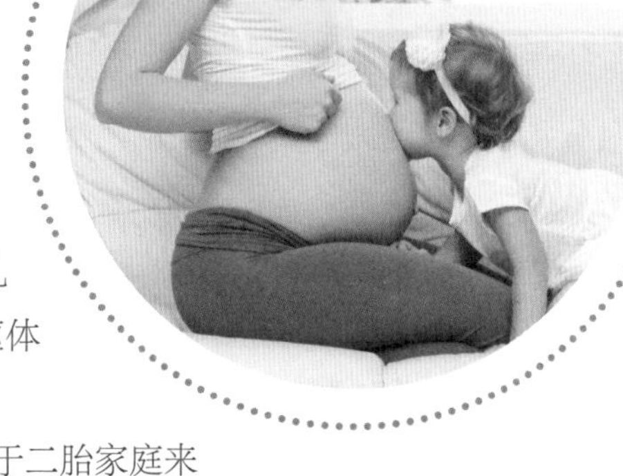

所谓胎教，就是指根据胎儿各感觉器官发育成长的实际情况，有针对性地、积极主动地给予适当的、合理的信息刺激，使胎儿建立起条件反射，进而促进其大脑机能、躯体运动机能、感觉机能及神经系统机能的成熟。

胎教并非孕妈妈一个人的事，尤其是对于二胎家庭来说，如果能让大宝参与其中，无论是对大宝还是二宝，都很有利。

◆让大宝和二宝提前互动，能唤醒大宝的责任意识，让他更容易接受二宝的到来。

◆让大宝给二宝做胎教，可以使二宝提前熟悉大宝的声音，二宝出生后也更容易培养兄友弟恭的关系。

◆在胎教的过程中，大宝自身也会受到良好的教育与熏陶，对大宝的健康成长也有利。

◆带着大宝一起做胎教，两个孩子的和谐相处能让孕妈妈的心情更好，有利于养胎。

## ② 制订孕早期的胎教方案

在孕早期，胚胎刚刚形成，发育尚不稳定，大多数二胎妈妈会有恶心、呕吐、疲倦、乏力等妊娠反应，此时期的胎教重点，是使孕妈妈的精神和心情愉快，身体健康，这样可对胎儿产生微妙的良性影响。二胎妈妈可以带着大宝一起，感受生命最初的记忆。

### 和大宝一起写胎教日记

准备一个精美的日记本，和大宝一起写胎教日记吧！日记的内容可以是胎教的内容和二胎宝宝的反应，也可以是孕期生活大小事，包括新生命孕育过程中的喜怒哀乐，十月怀胎的酸甜苦辣，孕妈妈的衣、食、住、行等，甚至偶尔有的不适，如何就医、如何服药等也可以记录下来，不必拘于形式，坚持下来就好。

大宝可以协助妈妈一起写胎教日记，比如提醒妈妈什么时候该写日记了，今天的日记可以记录些什么内容，闲暇时和妈妈一起分享近期发生的事情，分享对腹中小生命的所有感觉。等二宝出生后，可以把这本日记当作礼物送给他，一定会比千言万语更能表达家人对他深厚的爱意。

### 一起欣赏轻音乐，舒缓情绪

在孕早期，孕妈妈的情绪容易波动，还可能产生不利于胎儿生长发育的忧郁和焦虑情绪，而大宝可能会对即将到来的二宝产生不安等，因此，可以选择一起听一些轻松愉快、诙谐有趣、优美动听的轻音乐，使不安的心情得以缓解，精神得以放松。

### 每天跟二宝打招呼

为了让大宝与二宝更亲近，孕妈妈可以每天替胎儿跟大宝打招呼。例如，每天起床后跟大宝说：“哥哥，早上好！”大宝则可以跟二胎宝宝说：“早上好，我得起床啦，我们待会一起去吃早餐吧！”诸如此类的对话，不仅是一种简单的对话胎教，也是让两个宝宝和谐相处的开始。

## 3 制订孕中期的胎教方案

进入孕中期后，孕妈妈的早孕反应渐渐消失，身体舒适了许多，心情也变得愉悦起来。此时，胎宝宝也步入了稳定发育的阶段，并且产生了最初的意识，正是进行多种胎教的好时机，应选择一些有助于刺激胎儿感觉器官发育的方式进行胎教，如语言胎教、抚摸胎教等。

### 给大宝和二胎宝宝讲故事

现代医学已经证明，生活在母亲子宫里的胎儿是个能听、能看、能感觉的小生命，在孕中期，随着胎儿听觉系统的逐渐发育，他可以清晰地听到外界的声音，此时，正是语言胎教开始的好时机，给他讲故事，可以给胎儿的大脑新皮质输入最初的语言印记，为后天的语言学习打下基础。讲故事时，可以带着大宝一起，让他们一起学习，也可以让大宝主动给二胎宝宝讲故事。

### 让大宝给二胎宝宝唱儿歌

有研究表明，在孕妈妈怀孕第 6 个月时，胎儿的听力几乎和成人接近，他的身体能感受到音乐节奏的旋律，体会到美感，因此这个阶段也是进行音乐胎教的良好时机。做音乐胎教，并不局限于听音乐这一种形式，二胎妈妈还可以让大宝参与进来，比如让大宝给二胎宝宝唱儿歌，这样既能发挥大宝的音乐才能，也能锻炼二胎宝宝的听力，培养他的艺术天分，一举两得。

### 让大宝抚摸妈妈的肚皮

一般情况下，随着妊娠月份的增加，胎儿在子宫内的活动幅度会越来越大，从吞吐羊水、眯眼、咂手指、握拳，到伸展四肢、转身、翻筋斗等。在孕中期，二胎妈妈可以带着大宝一起为二胎宝宝做抚摸胎教，刺激他的触觉，以此来促进胎儿大脑细胞的发育，促进胎儿的智力发育。

## 4 制订孕晚期的胎教方案

孕晚期是怀孕的最后一个阶段，也是相对比较难熬的一个时期，随着孕程的推进，胎儿已经越来越大了，孕妈妈的身体可能会再次出现诸多不适，不过，由于这时胎儿已经基本发育完全，所以也正是对胎儿进行胎教的“尖峰时刻”。

### 每天都和二胎宝宝聊聊天

孕晚期的胎动相对于孕中期来说会有所减少，但是语言胎教必不可少。随着预产期的推进，二胎妈妈要带着大宝一起，每天都和二胎宝宝说说话，从早上的打招呼，中午的问候，到晚上的晚安，形成固定的规律，让大宝和妈妈一起期待二宝的到来，培养两个孩子之间的感情，也为二宝出生后的语言发育奠定良好的基础。

### 让大宝和二胎宝宝玩光照游戏

玩光照游戏属于光照胎教，即通过光源对胎宝宝进行良性刺激，以训练胎宝宝的视觉功能。在孕晚期，胎宝宝的各项系统基本上发育成熟了，包括视觉。二胎妈妈可以指导大宝和二胎宝宝玩光照游戏，每天定时用手电筒微光紧贴自己的腹壁，反复关闭、开启手电筒的开关，每次持续5分钟即可，时间不宜过长。还要注意协助大宝，把握好光照强度、时间以及频率等。

### 一起想象二宝出生后的模样

从胎教的角度来看，想象的力量非同小可，它能通过意念构成胎教的重要因素，进而转化、渗透在胎儿的身心感受之中，影响他的成长过程。随着预产期的推进，二胎妈妈可以有意识地带着大宝一起想象二宝出生后的模样，一起讨论他会长着什么样的鼻子、嘴巴，长得像爸爸还是像妈妈，和大宝的长相差别大不大，还可以讨论一下他会有多健康、多聪明，必要时还可以边想象，边把这种想象画出来。

# 八、适当照顾大宝的需要和情绪

两个孩子就像天平的两端，从计划要二胎时起，二胎父母就要做好大宝的工作，包括适当照顾大宝的需要和情绪，千万不要因为二宝而忽略大宝，这会让他产生消极的心理。只有照顾好大宝的需要和情绪，才能让大宝坦然接受二宝的到来，构建和谐的四口之家。

## 1 耐心解释妈妈为什么不能多抱他

当妈妈再次怀孕后，家庭的关注点往往会从大宝身上转移，大宝或多或少会感到失落，甚至感到焦虑、不安。这个时候，他很可能会继续之前的习惯，让妈妈抱抱自己，因为妈妈的怀抱可以给他安全感，让他直观地感受到妈妈的爱。

但是，二胎妈妈由于怀孕后身体的特殊性，往往不能提举重物，尤其是在孕早期，很容易出现流产等意外情况，这时候，妈妈要做好大宝的安抚工作，耐心地跟他解释为什么不能多抱他，可以采用其他的表达方式，让大宝感受到妈妈对他的爱，比如给大宝一个轻轻的拥抱，或者对他说些甜蜜的话，亲亲他，等等。

到了孕中期，如果孕妈妈的身体舒适了，且大宝年龄不大，体重也没有超重的话，也可以视情况适度抱一抱大宝，不过，每次抱的时间不宜过长。另外，要留心不要让他踢到腹部。

## 2 即使不能一起玩，也要多陪伴

在怀孕期间，即使二胎妈妈不能过多地陪大宝一起玩耍，也要注意多陪伴他，比如力所能及地陪孩子聊天、讲故事等，不要让大宝滋生“妈妈有了二宝就不管我、不陪我、不爱我”的忌妒心理，否则会不利于大宝的健康成长，以后两个孩子相处起来也会有很多障碍。

## 3 不能把大宝交给老人照顾

在怀孕期间，有的二胎妈妈为了方便，可能会把大宝交给老人照顾，其实，这是非常不明智的做法。因为这样做不仅不会起到预期的效果，而且还会让孩子形成巨大的心理落差，加深大宝和父母之间的隔阂，甚至会让大宝怨恨二宝的存在，对以后两个孩子的教育也会形成障碍。

另外，对于二胎家庭来说，不只是在孕期，等二宝出生以后，最好也不要把大宝和二宝分开带，不管他们之间的年龄相差多少，家长都应多让两个孩子相处，给孩子创造更多的互动和交流机会，比如一起玩游戏、看书、吃东西等，同时要做好监督工作，保障两个孩子的安全。如果他们之间发生一些小的摩擦和冲突，尽量以旁观者的姿态去对待，让他们学着自己处理问题，久而久之，就可以创造良好的兄弟姐妹关系，增进亲子感情，让大宝更加接受二宝了。

## 4 理解大宝的不安和担心

几乎所有想要生二孩的家庭都会不可避免地遇到因为生二宝而让大宝变得焦虑不安的问题。尤其是在二胎妈妈怀二胎期间，大宝会产生一系列不安、担心、排他的情绪，这些都是正常的，二胎父母要学会理解，并及时与大宝沟通和交流。

### 找到让大宝不安和担心的根源

父母要先弄清楚让大宝产生不安和担心的原因，才能对症解决。首先，在准备孕育二胎之前，大宝作为家里的独生子女，从小就被家人包围，有的家人还会对孩子溺爱，使得大宝习惯了以自我为中心，处于自我意识觉醒时期的他希望独占父母的爱，容不得再有一个孩子与自己分享这些爱，当父母准备生育二宝的时候，自然就会造成他的心理负担，导致其出现不安、担心等负面情绪；其次，这与父母在生育二宝之前没有事先帮助大宝建立好家庭角色认知有关。在二宝还没有真正到来之前，大宝可能会接受父母的教导，乐意让二宝在今后的生活中陪自己玩，可这并不意味着大宝会完全心甘情愿地接受。因为他的内心会时不时地蹦出一些想法——弟弟或妹妹既然来了，这就意味着家里又多了一个和自己“抢东西”的家伙，不仅会抢玩具和零食，还会抢走爸爸妈妈的爱，进而产生不安与担心。从大宝的内心深处来分析，这种担心属于自己的东西被剥夺后的正常反应，是正常的同伴之间的竞争行为，并不是真的自私，而是源于其内心的不安全感。

### 多一分理解，多一分爱

二胎父母须知，孩子的本性并不坏，大宝出现这种现象也并不是很严重的问题，只要对大宝进行正确的教育与沟通，多一分理解和关爱，关注大宝心理和生理的整体发育，帮助他在心理上建立安全感，对爸爸妈妈充满信任，相信时间久了，大宝自然会坦然接受二宝，并与之和睦相处。

## 5 巧妙化解大宝心中的担忧

当大宝因为爸爸妈妈孕育二胎宝宝而出现一系列不安与担忧时，二胎父母一定要学会化解。

首先，父母的态度很重要。在二宝出生的前后，作为父母，应让大宝确认，无论有没有二宝的存在，爸爸妈妈都爱着自己，而且这种爱不会因为弟弟或妹妹的到来而减少，并帮助他们发展出“我值得人爱”的信念，那么，大宝就可以顺利突破二宝出生带给他的心理冲击。

其次，要帮助大宝事先建立好家庭角色认知，比如告诉大宝未来可能会出现什么样美好的景象，在怀孕的不同时期，全家人一起拍照记录等，帮助他逐步完成角色过渡。

总之，父母一定要努力关注大宝内心的情感需求，认真倾听孩子的心声，自始至终给予孩子真真实实的爱，化解他的担忧。

## 6 请大宝参与到妈妈的孕期活动中

妈妈的孕期是大宝最后的独生子女时光，聪明的二胎妈妈会从孕期开始，帮助大宝建立正确的生命认知，让大宝参与到妈妈的孕期活动中是一个重要的途径。这个时期正好是让大宝了解生命从产生到诞生一系列过程的机会，也是让他们认知人生是如何开始的一个机会。让大宝参与多种孕期活动，能增强他与妈妈、二胎宝宝之间的互动，调动大宝的积极性，满足他的好奇心，妈妈的艰苦和不易都会让他看在眼里，同时也是培养大宝和二宝之间感情的一个机会。

具体来说，二胎妈妈可以这样做。

◆在孕早期，让大宝陪自己感受恶心、呕吐等一系列早孕反应，感受怀孕的艰辛。

◆在孕中期，可以和大宝一起，给二胎宝宝做各种形式的胎教，包括语言胎教、抚摸胎教、光照胎教、音乐胎教，等等。

◆到了孕晚期，可以和大宝一起去母婴用品店，为即将到来的二宝准备生活用品，包括婴儿床、婴儿车、衣服、尿布等。

◆在临近分娩的时候，可以跟大宝描述一下孕妈妈可能会遇到的状况，在描述时，可以借助绘本故事或动画片，告诉大宝孩子是如何出生的，减少大宝的焦虑、不安，同时也是一种很好的生命教育。

◆整个孕期在做运动时，可以带着大宝一起做，这样既能锻炼身体，也能增进母子间的感情。

◆每次去做孕期检查时，都可以带上大宝，让他亲自感受妈妈怀孕的过程，从而让大宝对二宝的关爱逐渐内化成他自己的感情。

## 7 鼓励大宝亲近腹中的二胎宝宝

从怀二胎的时候起，二胎妈妈就应在生活中潜移默化地让大宝喜欢二宝，可以通过摸妈妈的肚子、照顾玩具娃娃等方式鼓励大宝亲近腹中的二胎宝宝，让他和爸爸妈妈一起期待弟弟或妹妹的出生，并在这个过程中让大宝了解父母对他的爱并不会因为一个新生命的诞生而减少，他的生活只会越来越丰富多彩。

# 第三章

## 二宝来了，幸福如约升级

孕育的美好时光很快就过去了，二宝如约而至，在随之而来的美好生活中，对于二胎妈妈来说，首先要面对的就是如何顺利实现第二次分娩和坐好月子，其次就是怎样照顾好两个宝宝的问题。本章从临产前如何安排大宝的生活开始，逐步介绍分娩期间的注意事项、产后护理和哺乳等大小事情，让幸福持续升级。

# 一、提前安排好住院期间大宝的生活

分娩即将临近，对于二胎妈妈来说，需要担心的不仅是自己和腹中的胎儿，还有自己在住院期间大宝的生活安排。毕竟妈妈要离开家几天，爸爸也可能会去医院照顾妈妈，此时，如果不能妥善安顿好大宝，难免会让大宝伤心，也会影响妈妈的情绪。

## 1 提前告诉大宝妈妈要离家几天的事实

从孕9月开始，妈妈就可以适当告诉大宝，妈妈随时可能要去医院住上几天，把小宝宝从肚子里接出来。无论父母怎样与大宝沟通，对于妈妈去医院生宝宝这件事情，父母都应慎重地告诉大宝，提前做好大宝的心理建设。

当大宝听到妈妈要离家住院的信息时，很多孩子可能都会询问妈妈“人是怎么出生的”“我是怎么从妈妈肚子里出来的”“妈妈去医院，是要死了吗”等问题。面对大宝的疑问，妈妈应耐心地向大宝解释，平静地给孩子解答这些问题，但要省略一些恐怖的细节，以免引起孩子的不安。

## 2 与大宝商量由谁来照顾他

分娩的日子日益临近，看着整日和自己腻在一起的大宝，可能很多妈妈都犯了愁，“住院、坐月子期间，到底将大宝交给谁带比较好呢？”“爸爸妈妈都不在家，大宝跟着谁才比较放心？”

如果大宝之前一直有祖辈帮忙照看，可能和妈妈短暂的分开不会造成太大的影响；如果大宝一直是妈妈自己带，一时间的分离确实会让大宝感到不安，这时，可以和大宝一起商议，在了解了大宝的意愿之后再做决定。如果大宝主动提出要爷爷奶奶带，那自然再好不过，要是大宝执意要和妈妈在一起，那妈妈则需要多点耐心。可以提前3周左右就让大宝和照顾他的人相处，在相互熟悉之后，大宝可能会更容易接受。现如今，很多二胎妈妈都会考虑请月嫂或入住月子中心，当有专人照看二宝时，妈妈便可以腾出更多的时间照顾大宝了。

## 3 邀请大宝去探望妈妈

考虑到住院期间，大宝可能好几天都见不到妈妈，也会因为担心妈妈的身体而感到不安，如果医院允许，妈妈可以邀请大宝去医院探望妈妈和二宝。

如果之前已经做好了心理铺垫，大宝可能会对二宝有所期待，兴奋地想要看二宝的样子。不过，在大宝幸福或紧张之余，妈妈应注意大宝的活动。大宝往往活泼好动，好奇心强，但抵抗力又弱，在医院里到处跑来跑去，很容易影响到其他妈妈的休息，也可能会感染某些疾病。

因此，妈妈可以邀请大宝去医院探望妈妈，但不可过于频繁，还要注意大宝的安全。

## 4 缓解大宝对妈妈身体的担心

尽管之前已经跟大宝做好了沟通，但在跟他说妈妈要去医院住上几天之后，大宝还是哇哇地哭了起来，不要妈妈去医院。或许，在很多孩子的眼里，医院都是一个意味着痛苦的地方，有的孩子可能之前听妈妈说过，生他时妈妈经历了前所未有的疼痛，还流了好多血，因此怕妈妈去医院会受伤。

如果孩子出现这些担心，那就需要一些时间来帮他平复这种情绪。有些敏感的孩子，看到妈妈分娩后变得很虚弱，他的担心会再次出现。如果不能妥善处理，由此带来的影响是，他很可能迁怒于二宝，认为是二宝让妈妈生病，让妈妈脆弱，并因此而讨厌二宝。父母可以慎重地向大宝解释妈妈的身体变化，告诉大宝，妈妈生育他的时候也是这样过来的，尽管有些疼痛，但很快就会恢复。

在解释的过程中，不要刻意唤起孩子的兴趣，更没有必要主动延伸或扩展孩子的疑问。如果孩子提出了问题和担心，我们应巧妙地回答；如果孩子没有问，就不要主动说起。

最后还需要注意的一点是，作为父母，切不可强迫大宝变得勇敢、坚强，甚至忽视大宝的不良情绪。孩子毕竟是孩子，年龄小，心理承受力低，如果刻意勉强，其结果可能会适得其反。

# 二、关注临产信号，及时就医

几乎每一位即将临盆的准妈妈都会对分娩产生恐惧，即使是二胎妈妈也不例外。其实，只要你捕捉到了临产信号，做到及时就医，并掌握了应对急产的方法，担心、害怕等负面情绪都将离你远去。

## 1 分娩信号要留意

一般来说，分娩期并不是一个非常准确的时间，可能会提前几天，也可能会延迟几天。虽然是经产妇，在生产头胎时已经有了一些经验，但下面这些分娩信号准妈妈们依然要留意。

◆**腹坠腰酸。**有些准妈妈在临产时肚子不怎么疼，但腰酸的感觉非常强烈，这是由于胎头下降，使骨盆受到的压力增加而导致的。

◆**大、小便次数增多。**当胎头下降压迫到直肠时，很多准妈妈都会有强烈的便意，小便之后仍感觉有尿意，大便之后也不觉得舒畅痛快，甚至还会出现腹泻，通常这个时候子宫颈口已经开到 7～8 厘米了。

◆**阴道分泌物增多。**在即将临盆时，准妈妈的阴道和子宫颈分泌的透明黏液会增多，而且越临近产期，分泌物就越多。这些黏液在胎宝宝通过阴道时可以起到润滑的作用，帮助顺利生产。

◆**子宫发生阵痛。**大部分准妈妈都是从子宫收缩开始知道自己即将分娩的，最初，准妈妈会感到腹部紧绷，大腿内部收缩。随即，阵痛变得有规律性，疼痛感也会逐渐加强，此时应该加强注意，尽早去医院待产。

◆**见红。**从阴道排出含有血液的黏液白带称为“见红”。一般来说，在见红几小时内就应去医院进行检查。但有时见红后仍要等 1～2 天，有时甚至是数天之后才开始出现有规律的子宫收缩。

◆**羊水破裂。**由于子宫收缩加强，子宫腔内的压力增高，促使羊膜囊破裂，此时，羊水就会流出。一般情况下，破水后很快就要分娩了，需要赶紧去医院。

## 2 沉着应对急产

分娩前的阵痛一般是由宫缩导致的，从出现宫缩到完成分娩，只要少于3个小时，就可称为急产。急产的出现跟以下因素有关：两胎之间间隔时间较短，如只有一两年的时间，此时妈妈的盆骨还未恢复，当再次怀孕后就比较容易张开；有早产史、急产史者，这些产妇可能宫颈机能不全；曾有过引产、流产经历，导致宫颈受损的准妈妈，更容易出现急产的可能。

当发生急产时，宫颈、阴道、外阴、会阴等软组织部分来不及充分扩张，胎儿便迅速娩出，容易导致准妈妈的身体组织发生严重裂伤，常会导致产后出血。胎儿也可能会因为过强、过频的宫缩而发生窘迫或窒息，甚至会有颅内出血、感染等情况发生。

发生急产时，准妈妈不要过于慌张、焦虑，要始终保持沉着、冷静。同时要冷静应对随时可能发生的分娩过程。一旦出现急产征兆，准妈妈不要用力屏气，要张口呼吸，并立马拨打 120 急救电话，请求急诊救援。

## 3 正确区分真假宫缩

虽然二胎妈妈对于生产已经有所了解，但提到真宫缩、假宫缩之间的区别，很多准妈妈未必能够完全清楚。作为有经验的二胎准妈妈，需要重新认识一下宫缩，这样在孕期就能变得更淡定、更从容。一般来说，我们可以从宫缩的时间、强度、疼痛部位 3 个方面进行区分。

### 宫缩时间

一般来说，真宫缩有规律，有固定的时间间隔，且随着时间的推移，间隔时间会逐渐变短，每次宫缩持续 30～70 秒。而假宫缩无规律，时间间隔也不会缩短。

### 宫缩强度

真宫缩的宫缩强度会稳定增加，且不管如何休养，宫缩仍持续不止。而假宫缩的强度通常较弱，不会越来越强，虽偶尔增强，但又会接着转弱。

### 宫缩的疼痛部位

真宫缩大多从后背开始有疼痛感，而后转移至前方，可感觉到轻微腰酸，下腹轻微胀痛。而假宫缩的疼痛部位通常只在腹部前方。

# 三、安然度过分娩期

面对再次分娩，很多二胎准妈妈都会对一些问题心存顾虑，比如头胎剖宫产，二胎可以顺产吗？怎样可以减轻分娩疼痛？能够采用无痛分娩吗……本章将对这些问题进行详细介绍，为您答疑解惑。

## 1 头胎顺产，二胎生得会更快

初产妇的产程比较长，从不规则阵痛开始到临产，一般需要 12 个小时以上，但经产妇从不规则阵痛到正式生产，一般只要 6 个小时左右的时间，发展比较快，因此，二胎通常比头胎生得快。这是因为经过初次分娩后，二胎准妈妈的产道在再次分娩时，子宫口和会阴组织会更容易扩张，顺产的时间会比第一次短。但如果准妈妈在孕期有病理情况，或者是高龄准妈妈，则另当别论。

另外，如果生第一胎时采用了剖宫产，生二胎时采用顺产的话，那第二次生产在实际上还只能算是第一次自然生产，也不一定会“更加顺利”，有时可能还是得采取剖宫产。

## 2 即使生头胎时采取的是剖宫产，生二胎时也可以选择顺产

有些妈妈在生育第一胎时特别希望顺产，但因为种种不得已的原因而采取了剖宫产，当第二次分娩时，为了安全着想，绝大多数妈妈仍然会选择剖宫产。其实，头胎剖宫产了，二胎也可以顺产。一般来说，头胎剖宫产，二胎想要顺产，需要满足以下几个条件。

- 在怀二胎期间没有出现会给顺产带来危险的并发症。
- 准妈妈的骨盆测量值正常，骨盆横径能够保证胎宝宝安全通过。
- 二胎是单胎，且胎宝宝不是巨大儿，大小与骨盆相称。
- 头胎剖宫产的原因比如宫颈扩张缓慢、宫缩差等情况已经不存在了。
- 剖宫产切口愈合良好，并且是位于子宫下段的横行切口。
- 二胎生产时间距离头胎生产已经超过两年。
- 剖宫产后，准妈妈没有做过其他较大的子宫手术，如子宫肌瘤剔除术等。
- 准妈妈的身体状况良好，从未发生过子宫破裂等情况。

## 3 在这些情况下需要采取剖宫产

通常来说，自然生产是更为理想的、对母婴健康更好的一种分娩方式，但生产方式的选择与胎宝宝的大小、胎位、妈妈的身体状况等因素有关。为安全、健康着想，准妈妈及其家属在具体选择生产方式时，需要参考医生的建议，听从医生的指导。具体来说，当出现以下情况时，准妈妈最好选择剖宫产。

◆**胎儿窘迫。**胎儿因缺氧而陷于危险状态，也有可能胎死腹中，倘若每分钟心跳少于120次，则情况更加危急。

◆**胎儿过大。**胎儿体积过大，无法经由骨盆生产。

◆**胎位不正。**正确的生产应是胎儿的头顶先露出来，而不正确的胎位有臂先露产式、面先露产式、枕横位等。

◆**胎儿未成熟。**胎儿胎龄不满36周，体重低于2500克，可能不能承受自然分娩的压力。

◆**胎儿体积比实际月份小。**不健全的胎盘导致胎儿的营养及氧气供应量不足，结果导致胎儿虚弱，体积比实际月份小。

◆**前置胎盘。**前置胎盘又称低位胎盘，如果胎盘附着在子宫内过低的部位，会导致出血以及阻挡住胎儿的出生通道。

◆**胎盘早期剥离。**在分娩期，正常位置的胎盘在胎儿娩出前，部分或全部从子宫壁剥离。剥离面越大，对准妈妈和胎儿的危害越大。

◆**骨盆过小。**部分身材过于矮小的准妈妈其骨盆过小，没有足够的空间让胎儿经由骨盆腔产出。

◆**轻度妊娠期高血压综合征。**患有高血压、蛋白尿、水肿综合征的准妈妈，胎儿将无法从胎盘获得足够的营养与氧气，而母体自身也不能承受生产过程所带来的压力。

◆**自然生产过程无法继续进展。**因准妈妈的子宫收缩程度薄弱，子宫颈扩张不足，而导致胎儿无法产出。

此外，如果准妈妈患有卵巢囊肿、子宫肌瘤、肾脏病、心脏病等疾病，或有剖宫产史，都建议在产科医生的指导下选择剖宫产，以降低生产风险。

## 4 不同产程的用力方式不同

一般来说，二胎分娩的过程与头胎生产一样，分为 3 个阶段，从阵痛开始到子宫口全开为第一产程，从子宫口全开到胎宝宝娩出为第二产程，从胎宝宝娩出到胎盘娩出为第三产程。准妈妈要掌握好不同产程的用力方法，从而使分娩过程更加顺利。

### 第一产程：均匀呼吸，不用力

第一产程也叫开口期，从子宫有规律地收缩开始，到子宫口开全。在这个产程中，准妈妈应注意有意识地锻炼腹式深呼吸，不需要用力。

### 第二产程：用尽全力，屏气使劲

第二产程为从宫颈口全开至胎儿娩出的过程，此阶段临产妈妈应双腿屈曲分开，当宫缩开始时，要像解大便一样向下用力，时间越长越好，以增加腹压，促进胎儿娩出。在宫缩间歇时，应充分放松休息，等到下次宫缩时再用力。

当胎头露出后，宫缩强烈时，产妇不要再向下用力，而应张口哈气，以解除过高的腹压。在宫缩间歇时，产妇稍屏气向下用力，使胎头缓缓娩出。

### 第三产程：再次用尽全力

此产程也叫胎盘娩出期，当胎儿娩出后，宫缩会有短暂停歇，大约相隔 10 分钟之后，又会出现宫缩以排出胎盘，这个过程大约需要 5～15 分钟，一般不会超过 30 分钟。此时，准妈妈还可按照第二产程的屏气法用尽全力，以加快胎盘的娩出，减少出血。

在分娩时，准妈妈应按照医生和护士的指示，交互用力及放松。在子宫收缩时用力，一次约 10 秒，若持续阵痛，就要继续吸气、用力。当收缩停止时，则应放松全身的力量，稍微休息一下。若用力时间和方式正确的话，可减轻阵痛。

## 5 正确呼吸，减轻分娩疼痛

分娩时由于受子宫收缩、肌肉紧张、宫旁组织受到挤压以及心理畏惧等因素的影响，准妈妈往往会感到疼痛难忍。其实，在分娩时采用正确的呼吸方式，可以在很大程度上缓解并降低分娩的痛苦，从而保证胎宝宝的顺利降生。

### 在宫口开至 3 指左右时，采用胸部呼吸法呼吸

当准妈妈感觉到子宫每 5～6 分钟收缩一次时，用鼻子深深吸一口气，随着子宫的收缩开始吸气、吐气，反复进行，直到阵痛停止，才恢复正常呼吸。

### 在宫口开至 3 ～ 7 指时，采用嘻嘻轻浅呼吸法呼吸

准妈妈要全身放松，尽量让自己的眼睛注视同一点，用嘴吸入一小口空气，保持轻浅呼吸，让吸入和吐出的气量相等，完全用嘴呼吸，保持呼吸高位在喉咙处，就像发出“嘻嘻”的声音。当子宫收缩强烈时，需要加快呼吸的频率，反之则减慢呼吸的频率。

### 在宫口开至 7 ～ 10 指时，采用喘息呼吸法呼吸

当准妈妈感觉到子宫每 60～90 秒钟就会收缩一次时，先长长地呼出一口气，再深吸一口气，接着快速做 4～6 次短呼气，感觉就像在吹气球一样，比嘻嘻轻浅式呼吸还要更浅，可以根据子宫收缩的程度来调节呼吸的速度。

### 在宫口全开时用力推

当助产士看到宝宝的头部后，准妈妈要将下巴前缩，略抬头，用力使肺部的空气压向下腹部，完全放松骨盆肌肉，立即把肺部的空气呼出，同时马上吸满一口气，继续憋气和用力，直到宝宝娩出。当胎头已娩出产道时，准妈妈可使用短促的呼吸来减缓疼痛。

### 在娩出宝宝的头部后开始哈气

当阵痛开始时，准妈妈要先深吸一口气，接着短而有力地哈气，如浅吐 1、2、3、4，接着大大地吐出所有的气，就像在吹一样很费劲的东西。但是此时准妈妈不要用力，应该等待宝宝自己挤出来。

## 6 如果条件允许，可以选择无痛分娩

无痛分娩，在医学上叫分娩镇痛，即使用各种方法使分娩时的疼痛减轻甚至消失。无痛分娩可以让准妈妈们不再经历疼痛的折磨，缓解分娩时的恐惧感和产后的疲倦感，让准妈妈们在时间最长的第一产程能够得到休息，积攒体力。当宫口全开时，就能有足够的力量来完成分娩。

无痛分娩包括非药物性镇痛和药物性镇痛两大类。目前，应用较多的无痛分娩方式包括导乐分娩、水中分娩、笑气吸入法、静脉或肌肉注射镇痛剂、硬膜外麻醉等。准妈妈可以根据自己的实际情况和分娩医院的条件，与产科医生商议，选择适合自己的分娩方式。

无痛分娩并不是整个产程都无痛。出于安全考虑，目前国内多数医院的分娩镇痛是在宫口开到2～7指时进行椎管内阻滞。这个过程并不是完全无痛的，由于精神状态极度敏感，不少准妈妈对于疼痛的敏感度也会增加。因此，准确地说，无痛分娩的应用是让难以忍受的子宫收缩阵痛变为可以忍受。

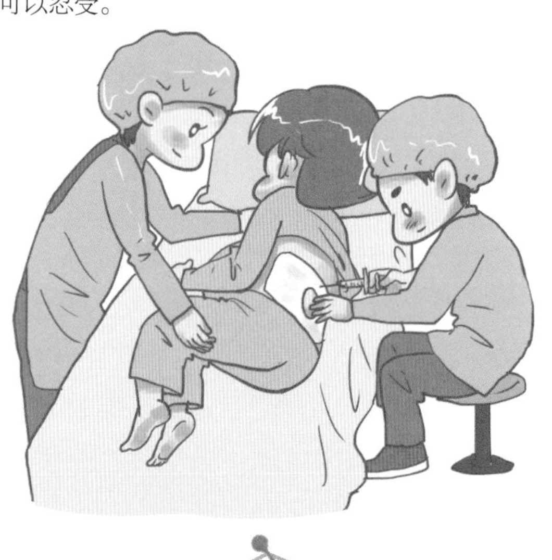

无痛分娩虽好，但并不是所有的准妈妈都可以采用。在采取无痛分娩前，准妈妈需要接受产科和麻醉科医生的检查、评估，由医生决定产妇是否适合采取无痛分娩。有阴道分娩禁忌、准妈妈凝血功能异常等情况的都不适合采用无痛分娩，有麻醉禁忌症的准妈妈不可以采用药物性镇痛。另外，有妊娠并发心脏病、药物过敏、腰部有外伤史者，则应先向医生咨询，听取医生的建议。

## 7 侧切，有时候也是一种保护

当胎头即将娩出时，如果医护人员认为产妇有发生会阴撕裂的可能，会为产妇施行会阴侧切术。侧切后，助产士可帮助胎儿配合子宫的收缩慢慢娩出，待胎儿娩出后，再将切口缝合好。这样做，既可以防止产妇的会阴被撕裂，又可以防止胎头长时间受压而导致损伤。从某种程度上来看，侧切对产妇不全是伤害，而是一种保护。

### 防止会阴多处裂伤的出现

事实证明，即使是会阴部位弹性非常好的女性，在生产的时候如果不进行侧切的话，会阴部也会出现裂伤，这种裂伤至少会出现两处，多的甚至会达到三四处。如果能及时进行侧切，则可以避免撕裂的出现。

### 有效缩短分娩进程

进行阴道的侧切可以有效地缩短胎儿在阴道口被挤压的时间，从而有效地降低胎儿缺氧的发生概率。

### 可以保护阴道的弹性

如果在生产的时候进行了侧切，就可以有效地减轻胎儿头部对阴道的扩张，在一定程度上可以保护阴道的弹性，这样就可以有效地减轻由于生产导致的阴道弹性降低，对于维护产后的性生活质量是非常有好处的。

### 手术后恢复比较快

侧切的伤口边缘比较平整，术后的愈合效果和外观都要优于裂伤后的缝合伤口。加之会阴部的血管丰富，愈合速度较快，会阴侧切伤口在术后 3 天基本就能愈合。

## 8 不小心撕裂，怎么办

胎头娩出是分娩过程中最重要的一步。当胎头就要通过阴道娩出时，阴道口及周围组织由于胎头持续下降而受到压迫，可见局部膨起变薄甚至发亮，此时，如不注意保护会阴，不但会阴有可能被撕裂，甚至还会一直撕裂到肛门处。

当产妇在生产时不小心出现会阴撕裂，产科医生往往会在胎盘娩出后，采用手术修复术帮助二胎妈妈修复撕裂的伤口。

产后，二胎妈妈应注意会阴部的清洁，坚持每天用流动的清水冲洗外阴。勤换卫生巾和内衣裤，以免伤口感染。

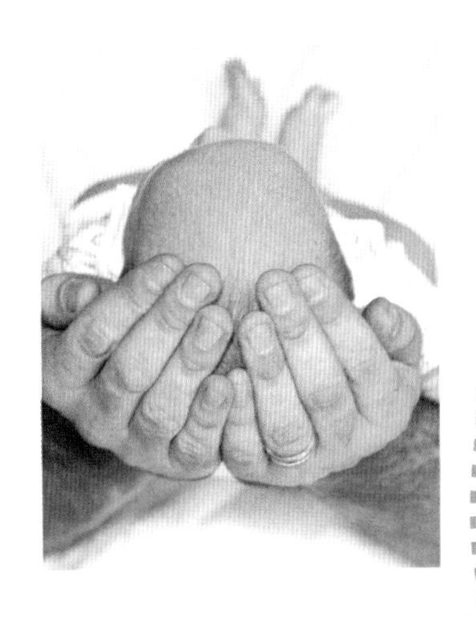

# 四、生完二宝后的产后护理

每个生完二宝的妈妈就像是经历了一场生死浩劫，整个人不仅异常虚弱、疲惫，身体的各个器官和组织也都在不知不觉地发生变化，产后想要让自己恢复如初，就需要加强自我护理。二胎妈妈的产后护理都需要注意哪些方面呢？

## 1 调理上次生产落下的病

生完宝宝后，身体的各个组织、器官都在慢慢恢复到孕前状态。但是，你还是会发现，由于上次没有坐好月子，落下了一些小毛病，例如，经常会感到腰酸背痛，即使休息也很难复原，皮肤也变得松弛了，用了好多保养品仍然回不到从前，手脚冰凉的情况好像更加严重了……

既然已经意识到坐好月子的重要性，那么这次，如果能抓住生产的机会调整体质，或治疗某些生产之前身体上的症状，按照正确的方法坐月子，好好地补充营养，充分休息，不仅有助于调理上次生产落下的病，而且还能给你一个往后几十年都健康的身体。

第二次坐月子，可以征求专业中医的意见，根据自己的体质，制订合理的坐月子方案，抓住产后 42 天这一关键期，调理好身体。

## 2 子宫复旧的时间会更长

二胎妈妈由于经历了两次分娩，造成子宫肌纤维拉伸受损，产后子宫复旧的时间会更长。

### 按摩子宫

在生产完后，当妈妈的体力得到一定的恢复后，一般在第二天就要进行子宫按摩，把手放在肚脐周围，做顺时针环形按摩，以此帮助、促进子宫收缩。

### 通过哺乳促进宫缩

在分娩后，产妇要第一时间让宝宝吸吮母乳，这样不仅有利于母乳的分泌，同时也能刺激子宫收缩。

### 产后尽早活动

产后，应根据身体恢复的情况，尽早进行一些产后运动，例如进行腹式深呼吸，能使子宫和下腹有效收缩和复原。

## 3 如何有效缓解产后宫缩痛

在胎儿和胎盘娩出以后，产妇的子宫会逐渐收缩，成为一个较硬的球形肌肉器官。在产后 1～2 天内，子宫还要继续收缩，直至恢复到孕前大小。在子宫恢复的过程中，子宫肌肉群收缩会使子宫周围的血管关闭，能够有效预防产后大出血。可是在收缩的时候还是会造成周围血管缺血、组织缺氧、神经纤维受到压迫，因而出现产后宫缩痛。

此外在哺乳时，反射性催产素分泌增多会刺激子宫，加重宫缩，因此在给宝宝哺乳时，也经常会出现宫缩痛。

产后子宫收缩仍然是一阵一阵的，只是收缩的间隔时间越来越长。生二胎时由于子宫肌纤维不如生头胎时紧，因此，产后子宫收缩得会更加剧烈，疼痛也会更明显一些，这是一种正常现象，4～7 天后便会自行缓解。当出现宫缩痛时，二胎妈妈可以采取以下方式来缓解疼痛。

### 通过按摩来缓解疼痛

三阴交穴位于小腿内侧，相当于足内踝尖上 3 寸，胫骨内侧缘后方，是足太阴、足少阴、足厥阴三阴经交会之穴。刺激三阴交穴可使产妇的腹部始终处于得气之态，从而降低对疼痛的敏感度，有抗痛和松弛肌肉的作用。二胎妈妈可用食指或拇指指腹相对给予三阴交穴适度的揉、按、捏、压，使其产生适度的酸痛感，每天按压 3～5 次，每次 5～10 分钟。

除此之外，产妇还可以每日以一手掌置于脐上，一手掌靠近耻骨边，随着呼吸上下起落，做轻重适度的按摩 2～3 分钟，也可以有效缓解产后宫缩痛。

### 采取侧卧位来缓解宫缩痛

科学研究证明，在采取平卧位时，人体对于子宫收缩疼痛最为敏感。因此，在出现产后宫缩痛期间产妇宜采取侧卧位，使身体和床成 20°～30° 角，还可以将被子或毛毯垫在背后，以减轻背部压力。同时，需避免长时间站立或坐，以减轻小腹部的疼痛感，当采取半卧位时，要在产妇的臀部垫个坐垫，以此来减轻疼痛。

### 通过热敷来缓解疼痛

用热水袋热敷小腹部，可以促进腹部尤其是子宫周边的血液循环，以有效预防和缓解产后宫缩痛。产妇可以每天不定期用热水袋热敷小腹部，每次敷半个小时，但需注意水温不要过高，以免被烫伤。

## 4 预防子宫脱垂

所谓子宫脱垂，就是子宫从正常位置沿阴道下降，宫颈外口达坐骨棘水平以下，甚至子宫全部脱出于阴道口以外的情况。通常情况下，急产、滞产、多产以及难产等容易引起产后发生子宫脱垂。对于这一子宫疾病，产妇应当学会预防，以减少其发病率。一般来说，可以采取以下做法预防子宫脱垂。

### 加强产后运动

产后进行适当的运动不仅有利于身体的恢复，而且还能防止子宫脱垂的发生。专家建议在产后 42 天可进行产后运动，比如提肛肌运动、腹肌和背肌的训练等，但是需要注意，产后不要太早进行重体力劳动，以免引起阴道壁膨出及子宫壁脱垂。

### 产后应避免久蹲

一般来说，二胎妈妈在分娩后，盆底肌肉的恢复需要 3 个月的时间，因此在这段时间内，应当尽量避免持续性下蹲，最好保持站立或者坐立的姿势，以防止子宫脱垂情况的发生。

## 5 及时排尿

在生产时，妈妈的膀胱会承受一定的压力，再加上尿道周围组织肿胀、淤血、血肿以及受会阴伤口的影响，产后膀胱肌肉对排尿的感觉会暂时变得迟钝，这时就容易出现排尿困难的现象。为了减轻膀胱的负担，二胎妈妈应在产后及时排尿。

一般来说，顺产妈妈在产后 4～6 个小时后就可以自行排尿，而剖宫产的二胎妈妈在拔出导尿管 3～4 个小时后，也能及时排尿。如果产妇产后长时间（7 个小时以上）膀胱充盈（膀胱残余尿量大于 100 毫升），而不能自解小便，医生会认为是发生了尿潴留。产后，二胎妈妈可以通过以下方式促进尿液的排出。

### 多饮水

有的妈妈由于在分娩的过程中消耗了大量的体力，在产后又未能及时补充饮食和水分，所以在产后的一段时间内可能会因为尿量过少而未排尿。这种情况下，妈妈的膀胱是空的，不存在膀胱饱胀的现象，只需要补充水分即可。妈妈可以多喝水，以便产生尿意，促进尿液的排出，以降低发生产后感染的概率。

### 按摩腹部

如果妈妈的身体条件允许，在排尿前，可以将装有 60℃左右热水的热水袋放在下腹部膀胱处，边热敷，边向左右轻轻按摩位于脐与耻骨联合中点处的利尿穴，以逆时针方向按摩，并间歇向耻骨联合方向推压。通常热敷加上按摩只需 20 分钟左右即可。在妈妈排尿之后，还可以再用手掌自膀胱底部向下轻轻推移按压，以辅助排出膀胱内的余尿。

在操作时，一定注意要把热水袋装入布套或者在热水袋下垫上毛巾，以免被烫伤。而且，在按摩时不能强力按压，以免造成膀胱破裂。

## 6 恢复阴道弹性需要更长的时间

一般来说，阴道本身具有一定的修复功能，生产时出现的扩张现象，在产后3个月左右就会自动恢复。但二胎妈妈毕竟经历过两次生产，阴道中的肌肉或多或少会受到损伤，就算是剖宫产的妈妈，在临产时阴道也会发生自动扩张。因此，二胎妈妈相比只生一胎的妈妈来说，其阴道弹性的恢复难度更大，时间更长。为了恢复阴道弹性，二胎妈妈一定要多点儿耐心和坚持，同时也可以参考以下做法。

### 加强盆底肌锻炼

盆底肌分布于盆腔下层，是维持女性产道弹性与松紧度的主要组织。如果盆底肌弹性不足或松紧度降低，不仅容易增加二胎妈妈患上妇科病的可能，而且还会影响产后夫妻的性生活质量。经常进行盆底肌锻炼，可以显著改善盆腔肌肉的张力和阴道周围的收缩能力，帮助阴道恢复紧实和弹性。

仰卧时，妈妈要放松身体，将阴道收缩、夹紧，持续几秒，然后重复进行这样的动作。有便意时要屏住大便，并做提肛运动，可以有效锻炼盆腔肌肉。走路时要有意识地绷紧大腿内侧及会阴部肌肉，然后放松，并反复进行这样的锻炼。

### 借助阴道紧缩术修复

如果妈妈平时摄入了足够的营养，在经过定期的锻炼之后，阴道恢复情况依然不够乐观，这时，不妨考虑借助阴道紧缩术等医学方法来修复阴道。所谓阴道紧缩术，就是通过手术修复损伤和松弛的肌肉及筋膜，使阴道的弹性增强，松紧度变得合适。

一般来说，做阴道紧缩术的最佳时间是在产后3～5个月，此时妈妈体内的激素水平已恢复到孕前状态。做手术时需要避开月经期，最好选择在月经干净后的第一天做手术。术后要注意保持会阴的清洁，并休息一周左右的时间。需要注意的是，妈妈如果患有阴道炎、子宫糜烂等妇科疾病，是不适宜做阴道紧缩术的。

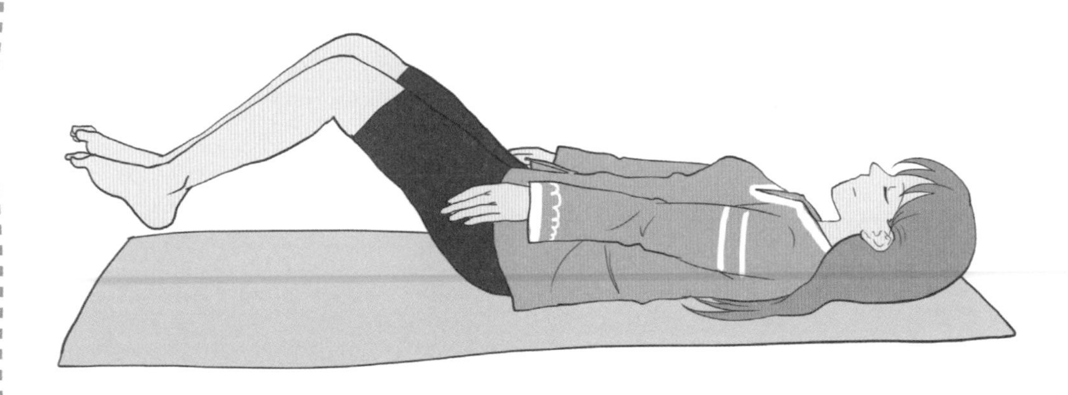

## 7 修复妊娠纹

在孕期，二胎妈妈的腹部会快速膨胀，超过肚皮肌肤的伸张度，导致皮下组织所富含的纤维组织及胶原蛋白纤维因经不起扩张而断裂，进而产生妊娠纹。此外，怀孕期间激素的改变，或是体重增加速度过快，也是妊娠纹产生的重要原因。

最容易出现妊娠纹的时间是在产前一个月。在产后，有一部分妈妈也会长妊娠纹。一般来说，在产后 2～3 个月，断裂的弹性纤维会逐渐修复，原先皮肤上的纹路会逐渐变为银白色。因此，产后要抓住这一关键时期，修复妊娠纹。

### 产后也要预防长出妊娠纹

在生产后，之前被“拉断”的弹力纤维会逐渐修复，但难以恢复到以前的状态，原先皮肤上那些浅红色或紫红色的裂纹会渐渐褪色，变成银白色的妊娠纹。

很多妈妈以为生完宝宝后就不再长妊娠纹了，殊不知其实妊娠纹自怀孕中后期开始就一直跟随着自己，只不过在生完宝宝后，它换了个样子而已。所以说，妊娠纹不是孕妇的专利，二胎妈妈在产后也要积极预防妊娠纹的出现。

### 通过饮食帮助修复妊娠纹

在生产后，合理摄取富含胶原蛋白的食物，可以使身体细胞变得丰满，修补被撑开的皮下组织，从而使肌肤充盈，皱纹减少，让宝妈的皮肤变得光滑有弹性。

一般来说，猪蹄、动物的筋腱和猪皮等都是富含胶原蛋白的食物，二胎妈妈可以适量食用。不过要注意，这些食物的脂肪含量高，容易引起产后肥胖，不可过多食用。

### 修复妊娠纹的关键期

人体自身就具有强大的自我修复能力，就像伤口能自己痊愈一样。生完宝宝后的第一年是修复妊娠纹的最佳时期，这时身体会自动“调集”胶原蛋白向妊娠纹区域补充，将一些还未完全断裂的弹性纤维连接起来。所以，宝妈一定要把握好这一关键时期，及时修复妊娠纹。

### 用鸡蛋清消除妊娠纹

鸡蛋清甘寒，能清热解毒，自古以来就经常外用，可以促进组织生长、伤口愈合，因此对于消除或者减轻产后妊娠纹具有良好的功效。

鸡蛋清不但可以使皮肤变白，而且能使皮肤变得细嫩，这是因为它含有丰富的蛋白质和少量的醋酸，蛋白质可以起到增强皮肤润滑的作用，醋酸可以保护皮肤的微酸性，以防止发生细菌感染。

在使用鸡蛋清消除妊娠纹时，宝妈可按下面的方法进行操作。

◆用温水清洗腹部，洗净后擦干，按摩腹部 10 分钟。

◆按摩完成后，把鸡蛋清敷在肚子上，约 10 分钟后擦掉，再做一下腹部按摩，这样可以让皮肤吸收得更好一些。可以在鸡蛋清中加入一些橄榄油，其中的维生素 E 对促进皮肤胶原纤维的再生有好处，维生素 A、维生素 C 对防皱也有一定的作用。

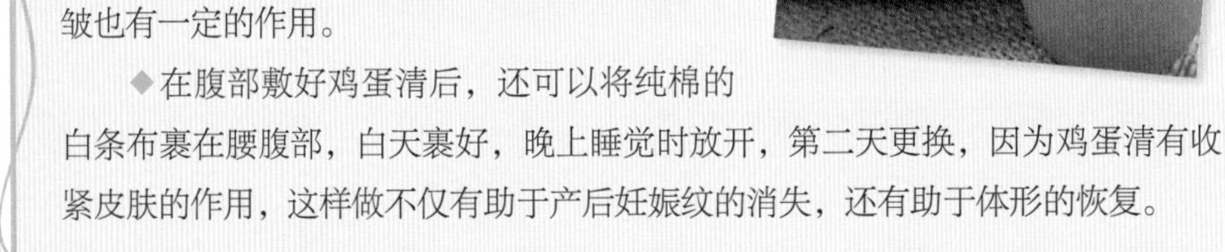

◆在腹部敷好鸡蛋清后，还可以将纯棉的白条布裹在腰腹部，白天裹好，晚上睡觉时放开，第二天更换，因为鸡蛋清有收紧皮肤的作用，这样做不仅有助于产后妊娠纹的消失，还有助于体形的恢复。

### 修复妊娠纹的医学手段

妊娠纹虽说不是什么疾病，但会影响身体的美观，是很多宝妈的“心病”。如果通过使用一系列的手段仍无法改善妊娠纹的状况，宝妈可以采用医学的方法来解除困扰。

现在可以借助医学美容的手段来淡化妊娠纹或缩小妊娠纹的面积。在早期妊娠纹呈现紫红色的时候，用脉冲光或染料激光照射，可加速紫红纹路的消退，增加胶原蛋白的生成，减轻妊娠纹的严重度。通过激光微磨皮手术，可以改善瘢痕组织。果酸换肤可以改善表皮层的色泽及厚度，也能使妊娠纹看起来不明显。

## 8 预防出现产后尿失禁

孕期尿频、尿急是一种正常的孕期反应，但是如果在宝宝出生后，宝妈在咳嗽、大笑、打喷嚏时，依然有尿液自然流出的话，那么就得提高警惕了，这很有可能是产后尿失禁。通常情况下，二胎妈妈在分娩时，其膀胱、子宫等组织的肌膜很可能会因胎宝宝要从产道产出而受到损伤，弹性受损，尿道括约肌松弛，造成产后尿失禁。

要想预防这种情况的发生，最有效的方法就是经常进行骨盆底肌的收缩练习。在分娩两周后，先以中断尿液的方式来体会一下，即小便解到一半时，试着中止解尿，这时你会感觉会阴部有收紧的感觉。多感觉几次，待熟悉之后，就可以随时做这个运动了。刚开始如果不确定自己是不是做对了，可以在运动时将手指放在阴道内，如果感觉到有收缩的力量，就表示做对了。

经过骨盆底肌的收缩锻炼，产后尿失禁的症状可在 3 个月内消除。若 3 个月后仍没有改善的话，应找妇产科或是泌尿科医师做进一步的检查和治疗。

## 9 继续关注妊娠并发症

宝宝顺利出生后，二胎妈妈更应该抓住月子期这一关键时期调养自己的身体，尤其是在孕期患有妊娠并发症的妈妈。尽管因孕期生理变化引起的妊娠并发症多数会在产后逐渐消失，但产后二胎妈妈也不可大意，应在医生的指导下定期进行身体检查，了解身体的恢复情况，以避免妊娠并发症变为产后并发症。

### 定期测量血压

妊娠期高血压综合征是孕期常见的并发症之一。产后，二胎妈妈要检查血压是否已恢复正常，身体水肿的状况是否已得到改善。一般情况下，产妇的血压应在产后一个月内完全恢复，若尚未恢复的话，即表明可能有其他潜在的问题，例如，可能有原发性高血压，而这些都应持续治疗和追踪。

### 及时监控血糖

许多妇女在怀孕时会患妊娠期糖尿病，产后要特别注意产妇的妊娠期糖尿病是否已消失。可在产后定期去医院复查血糖。

## 10 产后检查仍不可少

很多二胎妈妈对于自己的产前检查、孕期检查十分重视，但当宝宝顺利生下来后，身体也没有什么大的毛病，再加上忙于照顾宝宝，妈妈往往就会忽视产后对身体健康的检查。其实，产后检查也同等重要，尤其是对于一些剖宫产的妈妈来说，产后检查必不可少。

经过一个月的休养，妈妈的身体状况已经逐渐恢复到接近孕前的状态，但也不排除产后各脏器、伤口康复不佳的情况，尤其是曾患有妊娠合并症和妊娠并发症的妈妈，产后更应该密切观察这些疾病的变化。

一般情况下，除了乳腺器官，宝妈的机体在产后 6 周左右，即产后 42 天，就会逐渐恢复至孕前的状态，此时正是去医院做检查的好时机。当然也不是必须限定在第 42 天去，一般认为，42～56 天去都行。

### 妈妈在产后需要检查的项目

产后 42 天的检查基本是全身检查，但比较侧重对生殖器官的检查，尤其要检查子宫的恢复情况及会阴伤口的恢复情况。

◆**体重。**监测产后体重增加的速度，并根据体重的变化适当调整饮食。

◆**血压。**基础检查项目，看产后宝妈的血压是否回到正常水平。成年人的正常收缩压为 90～140 毫米汞柱，舒张压为 60～90 毫米汞柱。合并妊娠期高血压的妈妈在产后监测血压的变化，可以判断出是否为高血压患者。

◆**血常规。**妊娠期贫血及产后出血的妈妈，要复查血常规，以确定是否贫血。

◆**尿常规。**患妊娠期高血压与自我感觉小便不适的妈妈，应做尿常规检查。一来是看妊娠期高血压是否恢复正常，二来还可以检查出是否存在尿路感染的情况。

◆**对盆腔器官的检查。**包括子宫大小、有无脱垂以及宫颈恢复的情况等。

◆**对阴道分泌物的检查。**检查阴道分泌物的量、色、味以及构成情况。

◆**对伤口的检查。**检查会阴及产道的裂伤愈合情况，顺产妈妈必查；检查腹部伤口的愈合情况，剖宫产妈妈必查。

◆**避孕指导。**"哺乳期"不等于"安全期"，避孕套和上节育环是不错的避孕措施。顺产的二胎妈妈在 3 个月以后可以上环，剖宫产者则要到半年以后才能上环。

◆**新生儿喂养指导。**可以询问医生关于新生儿喂养的相关知识，如果对自己的奶水质量或自身的营养状况有疑惑，可以进行乳钙水平测定，并根据检查结果听取医生建议。

## 体检对于宝宝来说也很重要

42 天体检对于新生的宝宝来说意义重大，因为这是他出院回家后第一次到医院体检，也是对他进行生长发育监测的开始。

◆测量身长。一般来说，此时宝宝的身长相较于出生时会增长 4～5 厘米，这会受遗传、内分泌等因素的影响，爸爸妈妈应尽量保证宝宝营养均衡，睡眠充足。

◆测体重。通过体重测量了解宝宝的喂养情况。

◆测量头围。头围相较于出生时应增长 2～3 厘米，增长过快或过慢都是发育不正常的表现。

◆检查皮肤。查看宝宝是否有黄疸、湿疹以及其他皮肤疾病。

◆检查心肺。检查宝宝的心律、心率、心音、肺部呼吸音是否正常。

◆检查腹部。检查宝宝脐带的愈合情况是否正常，是否有脐疝、胀气，肝脾有无肿大。

◆检查外阴和生殖器。检查有无畸形，男宝宝有无隐睾等。

◆评价智能发育。医生会用一些方法来测试宝宝的智能发育是否处于正常水平。如果有疑问，会通过神经心理测试，进一步对宝宝的智能发育做全面评价。对智能发育迟缓的宝宝，可以及时采取相应的干预措施，进行早期康复治疗。

一些医院还会根据宝宝的具体情况安排尿常规、血常规或是微量元素测定。对于宝宝的生长发育情况，应该进行动态监测。所以，经过第 42 天的检查后，还要定期给宝宝做体格检查，系统地了解宝宝各个年龄段的体格生长情况和动态变化，以便及时发现生长异常，做到早发现、早诊断、早干预、早治疗。

# 五、第二次坐月子要更科学

有了先前第一胎坐月子的经验，二胎妈妈在第二次坐月子时，更要把控好调理重点，吸取先前的经验教训，科学对待自己两次怀孕分娩后的身心变化，健康坐月子，悉心调理身体，做一个美丽的二胎妈妈！

## 1 坐月子期间要注意休息方法

坐月子期间，休养身体是重中之重。二胎妈妈在第二次坐月子时，更要注意采用科学的方法。正确的休息方法可以减少产后不适症状的出现，加快身体的恢复速度。

### 营造合适的休养环境

细节决定健康。由于二胎妈妈月子期的大部分时间都是在室内度过的，一个良好的居家休养环境可以保障二胎妈妈月子期的卫生，还能让人心情愉悦，抑制不良情绪的出现，加快产后恢复。总体来说，合适的休养环境主要包括以下几个方面的内容。

◆ 保证室内的安静、清洁，定期打扫卫生，并开窗通风，使空气流通。

◆ 保持合适的温度和湿度，建议湿度保持在 50% 左右，夏天室温为 23～28℃，冬天室温为 18～25℃。

◆ 室内的灯光要适宜，建议二胎妈妈卧室的灯光选用暖黄色系，有利于促进睡眠。

### 采取正确的姿势休养

分娩过后，女性体内原本维持子宫正常位置的韧带变得松弛，尤其是二胎妈妈，其子宫的位置容易随体位发生变化，如果采取不当的姿势休养，会不利于子宫的复原，从而加大产后恢复的难度。

二胎妈妈平时在休息或抱二宝时，可采取半卧位；在睡觉时，宜采取侧卧位，这样能有效防止子宫后倾，并利于恶露的排出。另外，还要注意经常变换姿势。

### 劳逸结合

产后，二胎妈妈要多卧床休息，缓解身体的疲劳感，但这并不代表整个月子期间都要躺在床上，而应在身体状态良好的情况下，适当下床活动，做到劳逸结合。

一般来说，在月子期前两周，每天活动的量不宜太大，活动强度不宜过高，此后，可以根据自身的恢复情况，逐渐加大活动量，以自己的身体感觉舒适为宜。

### 重视产后心情的调节

产后坐月子时，不仅要关注自己身体的恢复状况，心理调节同样必不可少。对于二胎妈妈来说，由于年龄和身体机能下降，一般产后恢复的时间相较生头胎时会有所延长，再加上照顾二宝的压力，产后体内激素水平下降，更容易引起情绪波动。

因此，二胎妈妈在坐月子期间要学会调节自己的情绪，尽快适应二宝到来后的生活变化，保持愉快的心情。丈夫和家人也要多关心二胎妈妈，分担她的工作，避免其产后出现不良情绪。

### 保证充足的睡眠

在坐月子期间，二胎妈妈每天应尽量保证 8 个小时以上的睡眠时间，以促进身体的快速康复。由于坐月子期间还要照顾宝宝，所以可以根据宝宝的作息时间来休息，当宝宝睡觉的时候，妈妈也跟着睡，也可以让自己的丈夫及其他家人帮忙照顾二宝，减轻自己的压力与负担。

另外，二胎妈妈睡觉的床也有讲究，不宜睡太软的床。经历过两次怀孕和分娩的二胎妈妈，其生殖道的韧带和关节会比生一胎的妈妈更加松弛，而此时骨盆还没有恢复，如果睡太软的床，不仅不利于翻身和活动，而且更容易造成骨盆损伤、腰酸背痛等，对身体不利。

## 2 顺产与剖宫产的护理方式不同

在经历过两次怀孕和分娩之后，二胎妈妈的身体会经历一番大的变化，而且，不同的分娩方式所带来的变化也是有所差异的，为此，二胎妈妈有必要了解顺产与剖宫产分别带给身体的不同变化，并掌握正确的护理方式，以便促进产后身体的尽快恢复。

### 了解二胎妈妈产后的身体变化

对于顺产的二胎妈妈来说，其子宫收缩和身体恢复的速度比剖宫产者要快，另外，产后会有如下变化。

◆ 乳房在产后2～3天会分泌初乳，乳汁的分泌会使乳房变大，而且整体会下垂，变得更结实。喂养不当的二胎妈妈还可能会出现乳房胀痛、乳腺炎等不适症状。

◆ 子宫会慢慢变小，逐日收缩，但要恢复到怀孕前的大小，至少需要6周时间。

◆ 产后肠胃功能会下降，经过产后调养，肠胃功能会逐渐恢复，但因产后疼痛，在刚生完的一段时间里，二胎妈妈的食欲可能会不太好。

剖宫产的二胎妈妈产后静养和恢复的时间相对较长，一般会有如下身体变化。

◆ 腹部伤口的疼痛会给乳汁的分泌造成一定的影响。产后应该及早让宝宝吸吮乳头，促进乳汁分泌。

◆ 产后2～3天，胎盘和胎膜已经脱落的子宫颈部开始新生黏膜。大约1周后，黏膜完全再生，扩张的子宫颈也会慢慢恢复正常，开始闭合。

◆ 剖宫产的二胎妈妈需要排气后再进食，否则容易引起消化不良或便秘。在生产后，可多吃些能促进排气的食物。

◆ 产后的伤口在第一周内还会隐隐作痛，下床走动或移动身体时都会有撕裂感。

## 掌握产后不同的护理方法

正常情况下，顺产的二胎妈妈一般住院 3～4 天即可出院，剖宫产的妈妈则可能需要住院一周左右。无论是在住院期间，还是在回家坐月子休养时，二胎妈妈都要妥善护理自己的身体。

对于顺产的二胎妈妈来说，产科专家建议这样护理自己的身体。

◆产后不宜立即熟睡，应当采取半坐卧位闭目养神，以消除疲劳，缓解紧张情绪。

◆要随时观察自身的出血量，一旦发现阴道有较多出血，应及时通知医生，及时处理。

◆产后要定时量体温，如果发现体温超过 38℃，就必须要查清原因，适当处理。

无论剖宫产的二胎妈妈采取的是局部麻醉，还是全身麻醉，都应比顺产的妈妈更加重视产后的护理工作，尤其是对于伤口的处理。

◆术后 24 小时内应卧床休息。剖宫产 6 个小时后可以垫上枕头，采取半卧位。

◆在家人或护理人员的帮助下勤翻身，每隔 3～4 个小时换一次体位。

◆定期检查伤口，并更换伤口的纱布和药物，还要注意恶露的排出是否正常。

◆在给伤口换药时，要注意对伤口进行消毒处理，保证伤口的干净、卫生，产后家人每天可以用湿毛巾帮助新妈妈擦拭身体，但是伤口在愈合前不能沾水，以免感染。

◆在做咳嗽、恶心、呕吐等动作时，要用手压住伤口两侧，以免伤口出现意外。

术后伤口发痒是正常的，这是由于伤口结疤后瘢痕开始增生而引起的。二胎妈妈不可用手去抓，也不要用衣服去摩擦伤口，如果实在发痒难忍，可以在医生的指导下，在伤口周围涂抹一些止痒的药物。

## 3 高龄产妇在坐月子时要注意这些事情

由于年龄的增长和一胎与二胎之间的年龄差距，在二胎妈妈中，高龄产妇并不少见。相较于一般的产妇而言，高龄产妇在坐月子期间需要注意的事项更多。

### 在产后 6 ～ 8 小时内一定要排尿

高龄产妇应尽量在产后 6～8 小时内排尿，以免尿液在膀胱内潴留时间过长，尿液中的代谢物刺激膀胱，会引起较重的炎症。如果出现排尿困难的情况，可用温水冲洗外阴或在下腹正中放置热水袋刺激膀胱收缩，诱导排尿。

### 在做产后检查时，应注意检查是否患有高血压或糖尿病等疾病

高龄产妇在分娩时的失血以及生产后的恶露都有可能造成自身血容量减少，使血糖过低、血压下降。所以，在产后 42 天进行检查时，要留心观察血压和血糖的变化。尤其是那些有糖尿病家族病史的高龄女性，或者在怀孕时伴随有妊娠期高血压、妊娠期糖尿病的高龄妈妈，更应注意防范。

### 积极预防产后抑郁

有研究表明，高龄女性在产后得抑郁症的概率明显高于普通女性，因此，高龄的二胎妈妈在产后坐月子时，应重点关注自己的情绪变化，并积极通过心理疏导或饮食调节进行干预，以免给身心埋下健康隐患。

### 高龄剖宫产者需要静养

剖宫产后，高龄产妇的身体和心理损耗都比较大，再加上伤口疼痛，需要一段时间来静养，才能慢慢恢复。

静养并不是要求产妇一天 24 小时都躺在床上。在恢复知觉后，产妇要适当进行肢体活动。一般术后 24 小时可下床活动，促进肠道运动，以便于排气后进食，并促进恶露排出。

另外，产后可能会有不少亲朋好友来探视产妇和新生宝宝，此时家人应尽量告知他们等月子期过后再来，以免影响产妇休息或使她接触细菌与病毒，不利于产后恢复和新生儿的身体健康。

## 4 坐月子期间可以刷牙、洗澡

二胎妈妈在坐月子时，如果伤口愈合情况较好，且家里有洗浴条件，能保证室内温度的话，是可以刷牙、洗澡的。

### 坐月子期间刷牙、洗澡的必要性

坐月子期间刷牙能帮助二胎妈妈保持口腔清洁，预防口腔疾病。因为坐月子期间会进食一些高蛋白、高糖食物，而且食物的质地都比较细软，本来就会使口腔失去咀嚼过程中的自洁功能，如果不刷牙，就不能及时清除食物残渣及其他酸性物质，容易在口腔中滋生大量细菌，腐蚀牙齿，从而引起牙周炎、齿龈脓肿等口腔疾病。

产后二胎妈妈身体的新陈代谢加快，汗液增多，勤洗澡能保持身体的洁净，促进体内代谢物排出，避免细菌感染，降低患病的风险。此外，洗澡还能促进血液循环，缓解二胎妈妈肌肉和神经的疲劳。

### 坐月子期间刷牙、洗澡的注意事项

一般来说，在坐月子期间每天都应该刷牙，产后前 3 天，二胎妈妈可以将纱布缠在手指上，挤上牙膏，将手指当作牙刷在牙齿上来回擦拭，之后就可以正常使用牙刷了。顺产的二胎妈妈产后 2～5 天就可以洗澡了，恢复较快的剖宫产二胎妈妈在两个星期后就可以洗澡了。在坐月子时刷牙和洗澡，还应注意以下事项。

- 宜选用软毛牙刷刷牙，太硬的牙刷容易伤害牙龈。
- 刷牙的动作要轻柔、缓慢，要保护牙齿和牙龈。
- 宜采用竖刷的方式刷牙，可于每天早晚各刷一次。
- 刷牙宜用温水，因为牙齿对于冷水的刺激格外敏感。
- 洗澡宜用淋浴，不宜用盆浴，以免脏水进入阴道，引起感染。
- 宜选用温和的沐浴用品，并且避免其流入阴道。
- 洗澡次数不要太频繁，时间不要过长，以 5～10 分钟为宜。
- 洗澡时以 20℃的室温、34～38℃的水温为宜。
- 洗完澡后要尽快擦干身体，及时穿好衣服，以免受凉感冒。
- 不宜在饥饿或饱腹时洗澡，洗澡后可以适当进食，以补充消耗的体力。

## 5 坐月子期间应分阶段进补

二胎妈妈在坐月子期间，除了要做好身体护理，饮食调养也是必不可少的。食补需掌握一个大的原则——分阶段科学进补，即根据自身身体的恢复状况，分阶段制订合理的饮食计划，以满足不同阶段的营养需求。

### 产后第一周——“排”

产后第一周是排出怀孕时体内贮留的毒素、多余的水分、废血、废气的关键时期。本周的饮食要以排毒为先。二胎妈妈在刚刚生产完毕的最初几天里，都会感觉身体虚弱，胃口较差，因此应尽量选择有营养、口感细软、清淡又易于消化的食物食用。

### 产后第二周——“调”

经过一周的调理，本周二胎妈妈分娩时的伤口已经基本愈合，体力正在慢慢恢复，恶露的颜色逐渐变浅，乳汁分泌越来越多，胃口也有所好转。此时，应吃一些补养气血、滋阴、补阳气的温和食物来调理身体，促进子宫的收缩。

### 产后第三周～第四周——“补”

进入本阶段后，二胎妈妈的生活已经规律很多，身体的不适感也较前两周少，此阶段，各种营养素都应均衡摄取，食物的特点是既能补益精血，又能促进乳汁的分泌，同时还能为产后瘦身做准备。二胎妈妈可以开始吃适量的催奶食物了，比如喝一些催乳汤水，吃一些木瓜、猪脚、黄花菜等催乳食材。不过，催乳要注意循序渐进。

### 产后第五周～第六周——“加强补养”

此时坐月子已经接近尾声了，二胎妈妈的身体各器官已逐渐恢复到产前的状态，进一步调整产后的健康状况是这一阶段二胎妈妈的调理重点。此阶段的饮食主要以增强体质、滋补元气为主，适当多吃一些富含蛋白质、维生素A、维生素C、钙、铁、锌、硒的食物，能有效增强体质。

## 6 注意个人卫生，预防出现产褥感染

经历过分娩之后，二胎妈妈的身体会变得很虚弱，这时细菌侵入身体的机会就会增多，产褥感染的发生概率也会大大提高，因此在坐月子期间，要注意个人卫生，积极预防产褥感染的发生。

### 了解产褥感染

产褥感染是指分娩时及产褥期生殖道受病原体感染，引起局部和全身的炎性应化。发病率为 1%～7.2%，常发生在产后 1～10 天，是造成产妇死亡的四大原因之一。一般的病症表现有产妇体温持续在 38℃以上，如不及时治疗，还可能会诱发子宫腔内感染、阴道感染等并发症，必须引起重视。

### 注意保持会阴清洁

无论是顺产还是剖宫产，二胎妈妈在产后都要注意做好会阴部位的清洁工作。加强产褥期的观察及护理，能有效减少产褥感染的发生。

◆每天用清水清洗会阴部位，不需要添加其他药物，清洗后及时擦干。

◆清洗会阴部位时，要使用专用的清洗盆和毛巾。

◆在大小便后也要用温水冲洗会阴部位，并擦干，擦拭时可用柔软的卫生纸由前往后擦。

◆勤换卫生棉垫，刚开始时可以每小时换一次，之后可以 2～3 个小时更换一次。

◆不要在坐月子期间过性生活，应在产后 42 天经过医生检查和允许后，再恢复性生活。

### 做好产后伤口的卫生清洁工作

不少顺产的二胎妈妈要进行会阴侧切才能顺利生产，剖宫产的妈妈则会在腹部切刀口，因此，二胎妈妈在产后要随时注意伤口的变化，防止裂开，并保持卫生。

◆每天查看伤口情况，经常擦拭伤口周围的皮肤，保持周围皮肤的洁净、干爽。

◆勤换衣服，出汗后应尽快擦拭干净，并进行消毒，保持局部清洁。

◆如果需要为伤口换药，最好由医生来操作，自行操作容易引起感染。

## 7 产后恢复运动不可少

二胎妈妈产后要想身体尽快恢复，运动是必不可少的一环。科学的运动方式可以促进恶露的排出和子宫的恢复，还能加速产后瘦身，恢复孕前好身材，快来试一试吧！

### 猫式瑜伽，促进恶露排出

步骤 1

跪立，双手撑于垫子上，四肢与身体垂直，呼气，低头看腹部，腹肌收紧，背部尽量向上弓起。

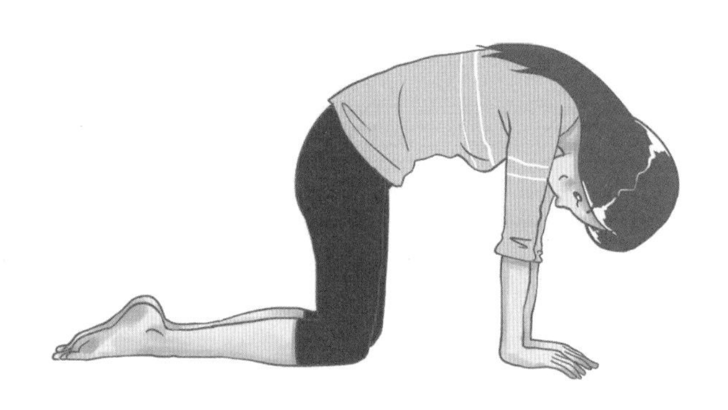

步骤 2

吸气，腹部还原放平，抬头看前方，延展背部的肌肉。此动作重复做 3 ～ 5 次即可。

## 吸腿式瑜伽，减轻骨盆疼痛

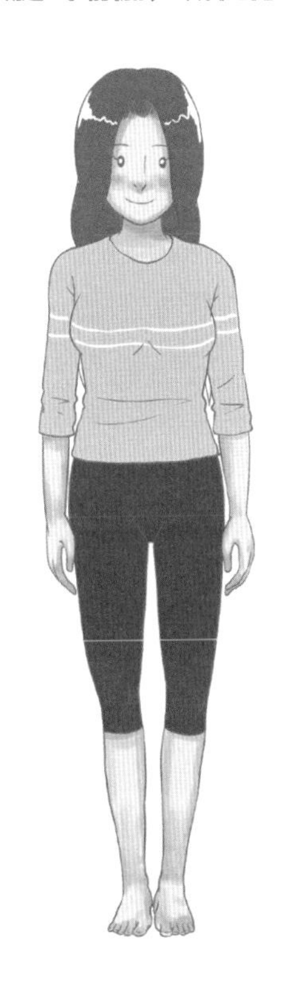

### 步骤 1

采取瑜伽中的山式站姿，站立在垫子上，双眼平视前方。

### 步骤 2

吸气，双手手臂向前伸直，掌心向下，左腿上抬至大腿与地面平行，小腿与地面垂直，脚尖绷直，保持腰背挺直，腹部内收，目视前方，保持15 秒后换另一侧练习。

练习小叮咛

吸腿式瑜伽能帮助二胎妈妈舒展骨盆的肌肉，有效减轻产后骨盆的疼痛感，此外，还有助于增强身体的平衡能力。顺产的二胎妈妈在产后两周即可开始此项练习，剖宫产者需推迟一段时间再做此项练习。

## 鱼式，预防胸部下垂

### 步骤1

仰卧，双臂自然贴放在身体两侧的地面上，掌心朝下， 一边吸气，一边弓起背部，将头顶轻轻放在地面上。

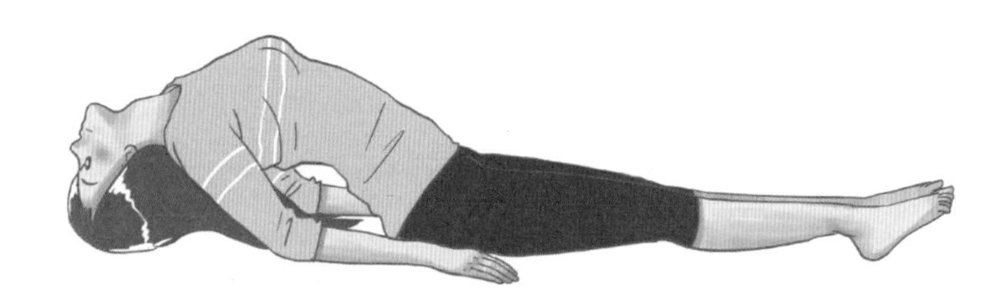

### 步骤2

双臂、双腿伸直并拢，向上抬起，与地面成45°角，保持7～8秒钟。呼气，将身体慢慢还原。

**练习小叮咛**

在鱼式练习中，产妇的胸腔可以得到很好的扩展，在提升胸部的同时，还能使呼吸变得更加深长，能有效预防因哺乳、产后护理不当等引起的胸部下垂。

### 瑜伽呼吸法，平复产后情绪

腹式呼吸法。盘腿坐好，挺直腰背，将右手轻轻搭放在腹部。用鼻子把新鲜的空气缓慢、深长地吸入肺的底部。随着吸气量的加大，胸部和腹部之间的横膈膜向下沉，腹内脏器下移。然后呼气，腹部向内朝脊椎方向收紧，横膈膜自然而然地升起，把肺内的浊气完全排出体外。

胸式呼吸法。盘腿坐好，挺直腰背，将双手轻轻搭放在肋骨上。在吸气的同时用双手感觉肋骨向外扩张并向上提升，但不要让腹部扩张，腹部应保持平坦状态。然后缓缓地呼气，把肺内的浊气排出体外，肋骨向内收并向下沉。

练习小叮咛

在练习腹式呼吸法和胸式呼吸法的过程中，要保持内心的平静、祥和。吸气时一定要慢慢地将气息吸入，呼气时同样也要慢慢地将气息吐出。最好使吸气和呼气的过程一样长。

# 六、给二宝哺乳更容易

研究表明，怀孕会使女性的乳腺细胞 DNA 上形成特定的标记，使乳腺细胞对同怀孕相关的荷尔蒙感受性更强。在第二次怀孕时，当乳腺细胞感受到体内相关荷尔蒙分泌增多时，就能更迅速地分泌乳汁。可见，给二宝哺乳会比初次哺乳更容易。

## 1 坚定母乳喂养的决心

母乳是妈妈给宝宝最好的礼物，母乳喂养是上天赐予每一位母亲的本能。如果你是一位二胎妈妈，更应坚定母乳喂养的决心，不要因为自身乳房下垂、乳汁少等问题而放弃母乳喂养，相信每一位二胎妈妈只要做好开奶、催奶和追奶的工作，保持心情舒畅，保证营养补给，都可以享受母乳喂养带给自身和二宝的诸多好处。

## 2 产后应尽早开奶

乳汁的产生有两个条件，即泌乳和排乳。泌乳指的是脑下垂体分泌催乳素，促使腺泡分泌乳汁；排乳则是指婴儿吮吸乳头刺激脑下垂体分泌催产素，形成排乳反射。宝宝一出生便具备了觅食、吮吸和吞咽反射，产后尽早开奶，能建立起宝宝的条件反射，刺激妈妈的乳头，使乳房分泌出充足的乳汁，为母乳喂养建立良好的开端。此外，还能促进宝宝胎便的排出，对妈妈和宝宝都有好处。

研究发现，宝宝在出生后的 20～30 分钟吮吸反射最为强烈，此时让妈妈和宝宝接触并开奶，效果最好。不过，由于每一位妈妈的实际情况不同，具体的开奶时间因人而异，如果是顺产的二胎妈妈，可在产后半小时左右开始哺乳；剖宫产的二胎妈妈，可在将输尿管撤离后 1～2 小时开奶；如果是难产儿、早产儿等特殊情况，则可以酌情推迟开奶的时间。

## 3 产后催乳有方法

即便是二胎妈妈，产后也可能存在母乳不足的问题。不过，只要掌握正确的催乳方法，相信每个妈妈都能实现母乳喂养。

### 饮食催乳

二胎妈妈在产后本来就身体虚弱，需要通过合理的饮食调理身体，再加上要担负哺乳的重任，乳汁中的各种营养素都来源于产后妈妈的体内，因此一定要补充足够的营养。科学的饮食催乳主要包括以下几个方面。

◆把握好饮食催乳的时机，根据自身的恢复情况进行食补，一般建议从产后 3 周开始进行饮食催乳。

◆多食用具有开乳、催乳食疗功效的食物，如通草、黑芝麻、猪脚、木瓜、鲫鱼、花生、茭白、豌豆、莴笋、黄花菜等。

◆多喝催乳的汤水，如豆浆、牛奶、杏仁粉茶、果汁、原味蔬菜汤等，补充足够的水分。

◆妈妈所摄取的食物种类也会直接影响到乳汁的分泌与质量，因此，应均衡摄取各种营养。

### 按摩催乳

按摩催乳是一种科学、安全、有效的催乳方法，通过按摩刺激乳头、乳晕，将兴奋上传到大脑底部的垂体前叶和后叶，引起催产素和催乳素的分泌，加强泌乳反射，进而促进乳汁的分泌，此外，还能减少乳腺疾病的发生。

下面介绍两种简单易学的按摩操作，在按摩之前，二胎妈妈可以先用温水清洗乳房，并进行 10～15 分钟的热敷，效果会更好。

◆ 一手托住乳房，一手轻轻挤压乳晕，接着用拇指、食指和中指 3 根手指夹起乳头，轻轻向外拉。

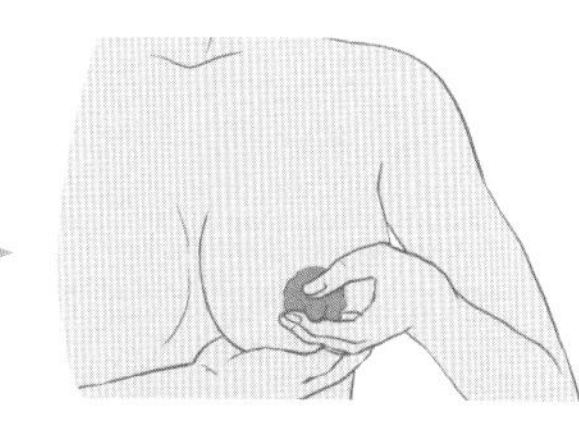

◆一手托起乳房，一手持木梳梳背沿着乳房边缘向乳晕处梳理，同时配合轻揪乳头数次。

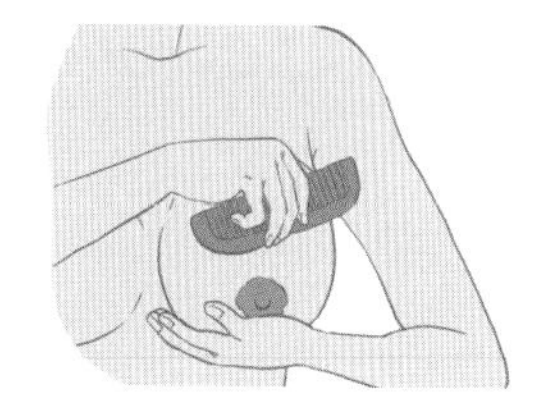

## 保持好心情

母乳是否充足与哺乳妈妈的心理因素关系极为密切，哺乳妈妈的任何情绪都会通过大脑皮层影响垂体的活动，而负面情绪会抑制催乳素的分泌，影响排乳反射，让自身产生的乳汁减少。此外，哺乳妈妈长期情绪波动大，心情抑郁、紧张、焦虑等，不仅容易造成乳汁缺乏，而且还会使乳汁变色，影响乳汁的质量。

因此在哺乳期间，二胎妈妈要特别注意调节自己的情绪，保持好心情和良好的生活状态。

## 保证充足的睡眠

二胎妈妈如果产后睡眠不足，也会影响母乳的分泌，使奶水量减少。因此，在产后哺乳期间，不要让自己过于劳累，每天至少应该保证 8 个小时以上的睡眠时间，给二宝提供充足的母乳。一般来说产后催乳只要做到 3 个要点，即吃好、睡好、心情好，二胎妈妈自然而然地就会拥有充足且优质的奶水。

## 关注哺乳细节

在产后哺乳时，如果不注重哺乳细节，也可能会影响母乳的分泌，以下内容需要二胎妈妈多多关注。

◆两侧乳房要均匀哺乳。如果一次只喂一侧，另一侧的乳房受到的刺激减少，泌乳也会随之减少。

◆让二宝多吮吸。在宝宝吮吸的过程中，妈妈血液中的催乳素会成倍增长，除此之外，通过宝宝的吮吸，还能起到用嘴巴按摩乳晕的功效，从而促进乳汁的分泌。

◆吸空或排空乳房。每次哺乳时，最好让宝宝充分吸空乳房，如果宝宝吸不尽，可以用吸奶器吸出多余的奶水，这样有利于乳汁的再生。

二胎妈妈在哺乳期间，切记不能乱服药，因为有些药物可能会影响乳汁的分泌，如抗甲状腺药物。如果二胎妈妈患有甲状腺功能亢进，需要咨询医生的意见，根据用药量来决定哺乳方面的事宜。

## 4 饮食催乳不等于盲目喝催乳汤

饮食催乳是众多催乳方式中的一项重要内容，前文已经有所介绍，这里需要重点提醒二胎妈妈的是，饮食催乳并不等于盲目喝催乳汤，二胎妈妈要引起重视。

### 催乳汤不能过早喝

催乳汤是很多妈妈产后催乳的首选，不过喝催乳汤的时间是有讲究的。一般来说，建议哺乳妈妈从产后第三周开始，在正式开奶后才可以喝一些下奶的汤汤水水。如果过早喝催乳汤的话，很容易导致二胎妈妈胀奶，甚至造成乳腺管堵塞，引起乳房疼痛等，进而影响正常的母乳喂养。

### 催乳汤不能过量喝

产后喝催乳汤并非越多越好，需根据哺乳妈妈的身体状况而定。若是身体健壮，营养状况良好，且初乳分泌量较多的二胎妈妈，可少喝一点儿，并适当推迟喝汤的时间；若二胎妈妈各方面的情况都比较差，则可以多喝一些，稍微提前一点儿喝。如果一味地大量进补，很可能使乳汁分泌过多，淤积在乳房中造成乳腺炎，还会使身体营养过剩，进而加大产后恢复的难度。

### 只喝催乳汤是不够的

饮食催乳讲究营养均衡，只喝催乳汤是不够的。要想营养均衡，就要保证食物种类的丰富性，要摄取各类营养素，包括糖类、蛋白质、脂肪、水、维生素等。具体来说，可以参考下面的内容来安排自己的饮食。

**哺乳期妈妈每日饮食构成**

- □ 主食 400～500 克
- □ 豆类及其制品 100 克
- □ 蛋类 100～150 克
- □ 蔬菜、水果 500～750 克
- □ 牛奶 250 克
- □ 动物性食品（如肉、鱼等）150～200 克
- □ 动物内脏 50～100 克（每周）

## 5 采用正确的姿势哺乳

对于大多数二胎妈妈来说，她们都有过哺乳的经验，但是并不代表所采取的哺乳姿势都是恰当的。其实，在给二宝进行母乳喂养时，只要把握一个总的原则就行了，那就是妈妈和宝宝都舒适。下面推荐了 4 种常用的哺乳姿势，供二胎妈妈参考。

### 摇篮式

这是一种比较普遍的哺乳姿势，适用于广大二胎妈妈。

妈妈坐在椅子上或者床上，用一只手臂的肘关节内侧和手支撑住宝宝的头及身体，使宝宝的腹部紧贴着妈妈的身体。另一只手托住宝宝吮吸的乳房，将乳头和大部分乳晕送到宝宝口中。

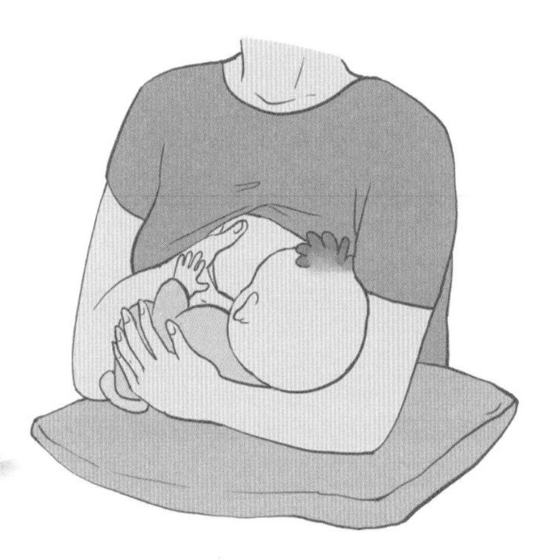

★这种哺乳姿势简单易学，无论是在家里，还是在公共场合，喂奶都非常方便，是一种令很多妈妈都感到比较舒服的姿势。

### 交叉摇篮式

该哺乳姿势和摇篮式很像，尤其适合哺喂早产儿或吸吮能力弱、含乳头困难的宝宝。

妈妈坐在椅子上或者床上，将宝宝放在肘关节内侧，并用双手扶住宝宝的头。当宝宝吮吸左侧的乳房时，妈妈用右手扶住宝宝的头颈处，托住宝宝，左手可以自由活动，帮助宝宝更好地吮吸。

★这种哺乳姿势也很简单，并且同摇篮式的哺乳姿势一样，能够让妈妈更清楚地看到宝宝吃奶的情况。

### 橄榄球式

这种哺乳姿势对妈妈伤口的影响较小，特别适合剖官产和有侧切的妈妈采用。

妈妈坐着，让宝宝躺在身体的一侧，用前臂护住宝宝的背部，将其夹在腋下，让宝宝的颈部和头部枕在妈妈的手臂上，并利用枕头调整高度。

★橄榄球式哺乳可以让妈妈很容易观察到宝宝是否正确含乳、有效吸乳，对伤口的恢复有利，也很适合乳头内陷、扁平的妈妈采用。

### 侧卧式

侧卧式喂奶比较受年轻妈妈的欢迎，适合胸部丰满的妈妈采用。

妈妈和宝宝面对面躺着，身贴身。如果宝宝在妈妈的左边，那么妈妈就用自己的左胳膊支撑起身体面向宝宝，用另一只手辅助宝宝，帮助宝宝吃奶。反之亦然。

★这种哺乳姿势能让宝宝和妈妈都得到休息，宝宝不会被打扰，妈妈也可以边躺着休息，边喂奶。

无论采取哪一种哺乳姿势，在宝宝吃奶时，都要让他采取正确的含乳姿势，即让宝宝的下颌贴到乳房，嘴张大，下唇向外翻，面颊鼓起呈圆形，含住大部分的乳晕。只有这样，才能促进妈妈的脑下垂体分泌大量的催乳素，进而使乳房产生充足的乳汁。另外，多数二胎妈妈的乳房都会有下垂的情况，建议采用“C”字形手势给二宝哺乳。

# 七、引导大宝适应二宝的到来

二宝出生之后，怎样让大宝接受二宝？当你考虑这些问题时，说明你已经意识到二宝的到来对大宝产生了影响。二宝的到来对整个家庭来说，都是一种改变，而对于尚不成熟的大宝来说，所引起的变化则更大。能否让大宝积极接受改变，关键在于父母。

## 1 替二宝给大宝准备礼物

人与人第一次交往给人留下的印象，在对方的头脑中形成并占据着主导地位。研究表明，人们在初次会面前 30 秒钟的表现，给对方留下的印象最为深刻，也就是通常所说的第一印象。为了让大宝在与二宝初次见面时对二宝留下好印象，也为了突出大宝的重要性，父母可以替二宝准备一份大宝喜欢的礼物，在他们初次见面时替二宝送给大宝。

礼物只是一种表达情意和友好的方式，在具体送礼物和初次见面时，家长应多加引导，例如对大宝说："这是弟弟（妹妹）送给姐姐（哥哥）的礼物，希望你会喜欢。"同时，父母可以多拥抱大宝。

## 2 请亲戚朋友给大宝准备礼物

二宝出生后，亲朋好友大多会将注意力放到二宝身上，还会送礼物给二宝。此时，如果大家的注意力都在二宝身上，大宝就会感觉被忽视了，也容易对二宝产生抵触情绪。

父母可以提前与亲戚朋友沟通，请他们在给二宝准备礼物时，也给大宝准备一份，或是将给二宝的礼物换成给大宝的，并在初次探望时送给大宝。这样的举动可以让大宝感受到二宝的到来并没有分割大家对他的关爱。

同时，父母也需要提前与亲友沟通，请他们不要过分关注二宝，也不要对二宝的到来表现出明显的喜爱和兴奋，更不要和大宝开"妈妈有了弟弟，就不要你了"之类的玩笑，以免对大宝造成伤害。

## 3 优先满足大宝的需求

二宝出生之后的很长一段时间内，除了吃奶，大部分需求都可以让家里人代劳，这不会对二宝造成任何不良影响，但是，如果大宝对妈妈的渴求得不到满足，他很可能越闹越厉害，会强迫父母把注意力集中到他身上。而当需求得到满足之后，大宝就会渐渐明白原来妈妈还是最爱他的，他在家里的地位并没有动摇，也就慢慢平静下来，并开始对家里的新成员产生兴趣。

毕竟大宝已经懂事了，且在二宝到来之后会变得敏感，没有安全感，此时，不妨多把心思放在大宝身上，优先满足大宝的需求。

## 4 不要改变大宝的生活

二宝的到来会分散父母和家庭成员的精力，但无论如何，请尽量不要改变大宝的生活，更不要将大宝送到外婆或奶奶家去。

让大宝保持原有的生活状态，有利于稳定大宝的情绪，增强他的安全感。例如，大宝喜欢出去玩，当二宝出生后，就请家人多带大宝出去玩。在二宝出生前，大宝一直是和爸爸妈妈同睡的，那么在二宝出生之后，父母就不要与大宝分床睡。

## 5 鼓励大宝一同照顾二宝

有时候妈妈可能忙于照顾二宝而无暇顾及大宝。很多父母或许担心大宝因为年纪小和没有经验会帮倒忙，即便这样，爸妈也应该尝试着让大宝帮忙，让大宝一同参与到照顾二宝的活动中来，这样不仅能增强大宝的参与感，而且还能给俩宝的相处提供机会，更缓解了妈妈无暇陪伴大宝的压力。

父母可以鼓励大宝做一些力所能及的事情，比如给二宝拿衣服、拿尿布等。外出时，也可以让大宝帮忙推婴儿车。有时候大宝可能会越帮越忙，但只要大宝愿意参与，父母就应该多赞赏他的努力。通过让大宝参与照顾二宝的活动，可以使大宝感受到“团队”的氛围，而不是产生“妈妈不管我了”的孤立感。

## 6 正确表扬大宝的言行

在二宝出生后，大宝的言行可能会出现一些变化，当宝宝表现好的时候，千万不要吝惜你的赞美之词，要知道，“好孩子都是夸出来的”。例如，当大宝主动帮妈妈照看二宝时，妈妈可以称赞大宝：“姐姐，谢谢你！因为有你的帮助，妈妈感觉轻松了不少。”这样的表扬能让他感觉到，自己是这个家庭中不可或缺的成员之一，因为自己的存在而让妈妈很开心。

## 7 多与大宝独处

在二宝出生后，大宝最大的担忧可能是二宝会抢走爸爸妈妈对他的爱，抢走原本属于他的亲子时间。每个孩子都应该有与父母的独立感情。当二宝到来后，爸妈自然会花更多的时间和精力来照顾二宝，此时原本专属于大宝的时间，在一定程度上会被分走。因此，爸妈们在照顾二宝时，也要尽量陪伴大宝，设定一段专属的亲子时间，用来陪伴大宝。

妈妈可以在喂完奶之后，请爷爷或奶奶帮忙照看一会儿二宝，自己带着大宝一起玩游戏，给大宝读绘本，或者和大宝单独外出。这样的陪伴，可以让大宝真切地感受到妈妈的爱。

## 8 正确回应大宝陪睡、陪玩的要求

在二宝出生后，大宝还是会希望父母能多陪伴自己。大宝可能会要求继续和父母一同睡觉，或要求妈妈陪他玩，其实，这些都是可以理解，并能妥善处理的。父母，尤其是妈妈不可因为身体劳累，或过分关注二宝而直接拒绝大宝的要求。

如果在二宝出生之前，大宝便已经和父母分房睡，而此时又提出陪睡的要求，父母可以和大宝一起商议，让大宝睡在小床上，或由爸爸陪大宝到自己的房间去睡。如果大宝坚持，也可以让大宝一同睡。

如果在二宝出生之前，大宝一直是和父母同睡的，切不可自行强制要求大宝分房睡，或和爷爷、奶奶睡，否则会伤害到大宝。如果大宝明确提出要陪睡，那还是多考虑如何睡得更好吧。

在二宝出生后，大宝可能会经常要求妈妈陪他一起玩，此时，妈妈应积极回应大宝的要求，暂且将二宝放在一边，专心陪大宝一起玩。即使妈妈在喂奶时，也可以用讲故事、抚摸的方式，增加与大宝的互动。

## 9 请爸爸多照顾大宝

当二宝出生后，一方面妈妈刚生产完体力不支，另一方面也因为要不分昼夜地照顾二宝这个“奶娃娃”，很难把更多的精力放在大宝身上。这时就需要爸爸出马，照顾好大宝的日常生活，尤其是平复大宝失落的情绪。

爸爸可以多照顾大宝的生活起居，例如，爸爸可以陪大宝一起刷牙、洗澡；爸爸可以陪大宝一起睡觉；平时的亲子活动爸爸也可以多参与其中，和大宝一起嬉戏；节假日，爸爸也可以单独带大宝外出游玩。这样的参与不仅可以满足大宝需要父母照顾的愿望，也可以增强大宝与爸爸之间的感情。

## 10 正确化解大宝的负面情绪

即使从计划怀二胎开始就已经做了好多准备，但在二宝出生之后，大宝仍然可能变得有些焦躁不安、易怒、爱哭等。如果你一味地指责大宝变得不乖，那么对大宝的伤害无疑更大。其实，不管大宝是2岁、4岁还是6岁、8岁，他始终是一个孩子，仍然需要爸爸妈妈的关爱。

在二宝没有出生之前，他是父母唯一的孩子，所有人的关注都在他身上，所有的资源也都是他的，这段时光对于孩子来说是非常美好的经历。但因为小宝宝的出生，他这段美好的经历就要被剥夺了，他当然会有很多不舒服的地方，我们应该允许并接纳孩子的这种情绪。同时作为父母，也应努力帮大宝化解这些负面情绪。

不管大宝认不认可，父母都应该告诉他：“爸爸妈妈始终是爱你的，不会因为二宝而减少对你的爱。”与此同时，在生活中也要多关注大宝，给予大宝更多的陪伴，帮助大宝建立安全感，并相信爸爸妈妈同样爱他。

# 第四章

## 父母多用心，让 1+1 ＞ 2

要不要二胎是一个问题，但是生了二宝后家庭结构发生了改变，如何教育好两个孩子，如何让两个孩子相亲相爱，则是更为重要的问题。对父母来说，需要确立家庭教育的基本原则，创建家庭和谐的基础，同时，还要有意识地引导两个孩子和谐相处，达到轻松养育两个孩子，让幸福升级的目的。

# 一、父母是家庭教育的关键

随着二宝的出生，两个孩子的教育问题就是摆在二胎父母面前的问题。教育两个孩子所花费的精力绝不是单纯的“1+1”，很多棘手的问题也可能是父母们从没遇到或料想到的。如何让两个孩子和谐相处？如何教育好两个孩子？下面的内容或许会给你一些启示。

## 1 爸爸妈妈需统一育儿观念

在孩子的教育问题上，父母可能都有一套自己的理论，当父母的育儿观念不一致的时候，往往就会出现下面这些情形：爸爸禁止的事情在妈妈那里却是可以的；妈妈提倡的事情爸爸却不赞同；父亲严厉地惩罚，母亲则心疼地弥补……

当父母的育儿观念不一致时，孩子也容易产生投机心理，且容易出现潜在的自我怀疑，不利于孩子的身心发展。同时，就父母双方来说，如果不同的育儿观念得不到很好的沟通，就可能会因此发生争执。当问题出现时，孩子会首先想到，你们自己都这样争争吵吵的，谁也说服不了谁，还来教育我，我就按自己的想法来。另外，如果妈妈提出某个要求，爸爸不支持甚至贬低的话，就会降低妈妈在孩子心中的威信，反之亦然。

虽然夫妻之间在教育观念上存在差异是一件很自然的事情，而且统一教育意见也并不容易，但是教育孩子是一个漫长的过程，统一教育观念是改善亲子关系、保证教育效果的大事。因此，在向孩子提出教育要求之前，父母之间应该首先统一口径。价值观上的分歧，也应该尽量在向孩子表达自己态度之前协商一下，即便不能统一，也要尽量避免产生明显的对立。如果在教养方式上存在差异，就更需要配合，而不是抵消，妈妈的态度可以比爸爸的态度和蔼一些，但是千万不能和爸爸的态度相反。

即使在某些问题上父母双方存在不同的观念，也不必过于着急上火，或盲目指责，可以在事后进行沟通，统一育儿观念。

## 2 爸爸的参与会使孩子更优秀

在家庭教育中，父母双方各自扮演着不同的角色，对于孩子的身心发展起着不同的作用，任何一方的缺席都会对儿童的发展产生不良的影响。父亲在教养子女时具有男性的独特方式与特质，也在某种程度上弥补了母亲教育的不足。并且越来越多的研究表明，在家庭教育中，父亲参与得越多，孩子越优秀。

在孩子的早期教育中，母亲的参与可能更多，但也并不意味着父亲的作用就不重要，父亲的参与不仅能减轻母亲的养育负担，而且还能充分发挥父亲参与教育的作用。下面介绍如何引导父亲参与到家庭教育中来。

### 让爸爸从小事做起

让爸爸参与育儿，是很多妈妈的愿望，但一旦爸爸参与进来，看到爸爸笨拙的样子，很多妈妈更宁愿自己动手。经常如此，爸爸就更难参与到育儿中了。其实，妈妈可以鼓励爸爸从一些小事做起，例如多抱抱孩子、给孩子讲睡前故事、陪孩子一起玩游戏等。不管刚开始时爸爸做得有多不好，都不要马上否定爸爸，而是要耐心地告诉爸爸怎么做更轻松、更有效。相信妈妈的正确引导一定会让爸爸更有信心带好孩子。

考虑到爸爸工作繁忙，陪孩子的时间较少，因此可能无法事事参与。这时，便可根据爸爸、孩子的特点来安排日常活动。比如，有的爸爸爱运动，不妨选择适合与孩子一起做的运动，这样既不耽误爸爸的时间，也有利于培养亲子感情。

### 肯定爸爸的努力

当你看到爸爸努力了，或在带孩子方面有了进步，不要吝啬你的赞美，“老公，你做得真好，这方面比我厉害多了！”“爸爸，辛苦了！”类似这样正面的肯定和鼓励，能够增强爸爸的信心，他自然就会愿意积极参与到育儿中来。

偶尔爸爸做得不好的时候，应就事论事，不要否定爸爸的用心和好意，可以试试这样说“看得出来你很用心了，下次注意点儿就行了。”“没关系，多做几次就会好的。”类似这样的话，既不会打击爸爸的自尊心，也能委婉地指出问题。

## 3 家庭和睦，更容易教育出好孩子

家庭氛围，即我们常说的家风，是一个家庭中家庭成员之间的关系及其所营造出的人际交往情境和氛围。家庭氛围既是进行家庭教育的前提条件，它本身也是一种有效的教育方式。父母之间的关系、父母对孩子的情感，都直接影响着孩子的成长，特别是影响到孩子对人与人之间各种角色扮演及相互关系的认同。

心理学家发现，在温馨、和睦、宽容的家庭环境中长大的孩子，其性格会表现出通达、理解、自信、乐观、待人诚恳、有礼貌等良好的特点，而在紧张、焦虑的家庭环境里长大，孩子的性格会表现得怯懦、内向、孤僻、不信任别人、固执、倔强甚至是逆反。因此，为了孩子的健康成长，作为父母，有责任也有义务努力维持家庭的和睦。

首先，在家庭关系中，最基本的是夫妻关系。只有夫妻双方和睦并互相尊重，才能给孩子营造一个和谐、有爱的家庭环境，让这种爱感染孩子，使孩子快乐。当然，在家庭生活中，父母双方难免会因为某些原因而意见相左。当出现矛盾时，不要争吵，更不要伤及感情。大人之间发生争执，也尽量不要让孩子看到。下一次再要发火时，就把它当成一次教育孩子的良机，教孩子如何以善良和自信对待不同的意见，或是教给他如何正确处理不良的情绪和问题。

其次，教育孩子必须重视亲子间的交流与互动。除一般的日常接触，父母还应有目的地和孩子进行沟通、交流，如安排家务劳动，做重大决策时征求或采纳孩子的合理建议，选择好书、好节目和孩子一起看，耐心听孩子说说学校的事情，帮助他们面对挫折、克服困难，亲子共同出游培养生活情趣、丰富精神生活等，使孩子时时意识到自己是家庭中的一员，乐意与父母沟通。

## 4 父母应该做孩子的好榜样

在孩子的教育问题上，很多父母都十分谨慎，但却忽略了自己的“言传身教”作用。苏联的著名教育家马卡连柯曾说：“一个家长对自己的要求，一个家长对自己家庭的尊重，一个家长对自己每一举止的注重，这就是首要的、最重要的教育方法。”因此，父母要重视自己对孩子的影响作用，给孩子树立好榜样。

### 父母要以身作则

相较于直接告诉孩子应该这样做，不应该那样做，这样空洞的说教，父母的一言一行，对孩子的影响更大。父母处处以身作则，其言行就会成为子女的表率，这不仅可以树立父母在子女心目中的威信，而且还可以使父母牢牢地把握住教育、管理子女的主动权。所以，在日常生活中，父母要时时注意自己的言行，事事起到模范带头作用。

作为父母，想要孩子好好学习，做一名爱学习的好学生，你首先就要在本职岗位上兢兢业业、勤于好学；想要孩子性格开朗，好相处，父母自己就要与亲朋、邻里和睦相处，不在一些鸡毛蒜皮的小事上斤斤计较，不占小便宜，公正无私……总之，你希望孩子成为什么样的人，作为父母，就应努力让自己先成为这样的人。即使自己无法达到要求，也要让孩子看到自己的努力。如果父母能始终如一地这样严于律己，

就会给孩子以耳濡目染、潜移默化的影响，也就会赢得孩子的信赖与尊敬，因为父母本身的言行就是一种实实在在的巨大教育力量。对此，我们何乐而不为呢？

### 规则，父母也要遵守

父母制定的家庭规则，自己应带头遵守，否则不但不能使孩子听从命令，更会使自己在孩子心中的形象大打折扣，导致父母对孩子的教育影响力衰减，甚至走向反面。例如，有的父母会要求孩子吃饭的时候不要玩玩具、看电视，但自己却总是看手机或看电视。如果经常如此，孩子就会对父母制定的规则产生怀疑，甚至怀疑父母的公信力，最终导致父母在教育孩子时失去威信。

## 5 家有俩宝，父母如何升级教育

常言道，“第一胎照书养，第二胎照第一胎养”。很多父母自认在养育大宝的过程中，积累了一些育儿心得，再养育一个孩子，应该会更轻松。殊不知，当二宝真正到来时，面对未曾料想的问题，美好的理想可能会瞬间崩塌。那么，家有俩宝之后，家庭教育如何升级，才能让家庭和谐，让两个孩子都健康、快乐地成长呢？

### 充分发挥孩子之间的互动作用

两个孩子间的互动是双子女家庭教育成功的重要因素。当第二个孩子出生后，父母要不断提供两个孩子间互相交流的机会，通过相互学习、相互帮助、合作分享、相互竞争等，培养孩子间深厚的感情，最大限度地降低因父母精力不足而造成的不利影响。

### 父母要树立科学的育儿观

两个孩子可能存在不同的性格和天赋，优秀的孩子可以是不一样的优秀，因此，父母对待不同的孩子，要采取不同的策略，细心呵护孩子稚嫩、敏感的心灵，尊重孩子的天性，科学施教。

同时，父母要懂得欣赏孩子之间的差异，学会公平、民主地对待孩子，做到科学育儿，让双子女家庭的孩子更健康、更幸福地成长。没有必要对两个孩子进行横向对比，更不能偏爱某个孩子，否则会害了孩子。

### 父母在二宝到来前要做好准备

生育第二个孩子，父母要协商好，并取得家庭成员的支持，做好职业生涯规划，不要因为第二个孩子的出生而手足无措，更不能因为生孩子对工作产生了不良影响而迁怒于孩子。同时，父母要明白经济不是关键问题，幸福、温馨的家庭环境对孩子的健康成长才最为关键。

### 勿对孩子进行弥补式教育

当二宝到来后，很多父母都会有意无意地将养育大宝时的缺陷或遗憾弥补在二宝的教育和成长中，或是因为二宝的到来分散了对大宝的爱，而弥补对大宝的亏欠。这种看似合理的弥补，实际上不仅对两个孩子不公平，也伤害了孩子。

## 6 父母要正确地赞美孩子

每个人都希望得到他人的肯定，尤其是亲密的人的肯定，对于孩子来说，更是如此。可能很多父母已经意识到赞美孩子的重要性，当孩子表现好的时候，“非常棒”“真聪明”就成了他们的口头禅。这种笼统的赞美并不能让孩子充分认识到自己的优点在哪儿，属于不科学且无效的赞美。家长们不妨试试用就事论事代替笼统称赞，在表扬之后，与孩子一起进行回顾总结，让孩子认识到自己哪里做得好，还有哪些不足之处。

### 不要吝惜你的赞美

很多父母担心赞美会让孩子变得骄傲，因此，常常纠结于“要不要赞美孩子”的问题中。其实，优秀的孩子都是赞美出来的。当你能正确地称赞孩子时，孩子听到的不仅是父母的认可，还有爱。因此，该称赞孩子的时候，不要吝惜你的赞美。对于内向的孩子来说，我们需要给予更多的肯定，比如，内向的孩子在做某件事时，因为害怕犯错，会关注大人的反应，但如果父母能给予肯定并告诉他，他能行，这对孩子来说将是莫大的鼓励。

### 表扬之后进行回顾总结

在孩子有好的表现时，家长应及时表扬，在事后要与孩子一起探讨，为什么那样做是对的。同时，也可以针对事件中孩子的不足表现与孩子一起讨论，使孩子意识到自己的不足，提醒孩子关注他人的闪光点，这可以帮助孩子养成自我批评、欣赏他人的良好习惯。值得注意的是，家长的表扬和批评要前后一致，这样孩子才有可能建立起更明晰的是非判断准则。

### 用就事论事代替笼统称赞

“你真棒！”“你真聪明！”听到这样的赞美，孩子可能只是模糊地意识到自己做了某件事，所以得到了父母的赞美，这样的行为是正确的。但是，这样的话听多了，孩子也就不以为意了。

家长要想达到真正的赞美效果，不妨用就事论事的赞美来代替笼统的赞美。家长应多赞美孩子通过学习得来的好品质，比如“有礼貌”“很努力”“很认真”，而不是赞美孩子天生的优点。例如，大宝愿意把自己的玩具给二宝玩，作为家长，可以这样说：“哥哥（姐姐）愿意分享自己的玩具给弟弟（妹妹），真大方。”

## 7 走出“大的让小的”的误区

“你是哥哥，你要让着妹妹点儿！”“妈妈，哥哥不让我。”诸如此类的话，是不是很熟悉？在我们根深蒂固的思想里总觉得年龄大的孩子就应该让着年龄小的。当我们对大宝说出这样的话时，考虑过大宝的感受吗？难道就因为年纪大，就有忍让和迁就的义务吗？

很多时候，我们都把“大让小”作为一种美德推崇着，我们都想把孩子教成一个懂得谦让的好孩子。但是这种谦让，没有顾及大宝内心的挣扎或是委屈，也没有公平对待两个孩子，而那个被让的孩子也并没有认识到问题，也会逐渐觉得哥哥（或姐姐）让自己是理所应当的。这样的忍让其实对两个孩子来说都没有起到正面的引导作用，不值得提倡。

在对孩子进行谦让教育时，家长不宜使用强迫的态度。有时候孩子忍痛割爱，将自己的东西谦让给二宝，这种谦让只是表面的，其内心并没有做到真正的谦让，容易适得其反。那么，父母该如何正确处理这个问题呢？

### 充分尊重大宝

面对孩子们的争抢，如果父母直接出面干涉，替他们做出“大的要让着小的”的决策，就会让他们失去体验“自行交流、做出判断、化解矛盾”这一过程，从而削弱了他们对冲突的处理能力。相反，放手让孩子们自己解决问题，而父母只作为情绪的引导者，却能起到意想不到的效果。

属于大宝的东西，如何处理，决定权在大宝，因此，当二宝在动用大宝的东西时，一定要先征求大宝的意见，要是大宝同意就可以，不同意，也不能强求大宝做自己不想做的。

### 善于倾听大宝的解释

当两个孩子发生冲突时，作为家长，受“大的要懂事”“大的要让着小的”的思想影响，我们习惯了责备大宝的不是，却忽视了冲突发生的原因，以及忘了明辨孰是孰非。其实，有时候并非都是大宝的错，作为家长应仔细了解事件的原因，明确责任，而不是一味指责大宝，偏袒二宝。否则，会使大宝陷入父母不爱自己的误区，或是事后对二宝进行报复性打击，影响手足关系。

## 8 公平对待，更易教育

公平，是人们经常强调的处事原则。无论是在家庭教育中，还是在幼儿园、学校、社会教育中，父母在面临解决孩子遇到的纠纷或者指导孩子的行为时，也喜欢用公平来说服孩子，避免发生不必要的矛盾。

然而，在生活中，我们还是会发现无论父母多么努力，耳边还是会充斥着孩子们发出的抗议声——“妈妈喜欢哥哥，不喜欢我！”“妹妹为什么可以看电视，我却不行，真是太让人生气了！”“为什么我的意见就不能被采纳，而弟弟说的才算？”……

虽然大多数时候，他们认为的不公平不过是自己的想象，但可怕的是，这些不公平的想法会在他们稚嫩的心灵里演化成一种怪异的心理暗示，让孩子有借口解释自己的失利和愤怒，也有借口去拒绝父母的教导。因此，怎样在家庭教育中让孩子感受到真正的公平，不仅是让孩子烦恼的问题，也是让父母感到棘手的难题。

父母的态度是造成孩子对自己行为产生各种心理认识的重要原因。因此专家建议，家长要在让孩子感受到爱意的前提下，将公平体现在生活中，引导孩子形成正确的认识。

如何在生活中体现公平，并让孩子感觉到？如果买了一个新玩具，两个孩子都要玩，这时，就要尊重孩子的想法，让孩子自己商量解决的方法。如果父母滥用权威，则会让孩子认为父母偏心，如果都不让步，父母可以选择先与孩子商议，是不是可以轮流玩，而谁先谁后，可以用“石头剪刀布”的方式解决，并提前告诉孩子要遵守规则。如果这样的方法行不通，父母也可以先把玩具给态度强硬的那一个，之后再尽力安抚另一个。当下次再出现这样的情况时，则先给上一次让步的孩子，并解释为什么这样做。两个孩子一般都会理解并最终愉快接受，经过几次尝试，他们便会逐渐学会如何维护公平了。

## 9 不要拿两个孩子做对比

很多家长都希望孩子更优秀，这就导致他们过多地关注孩子的缺点，并时常在孩子的缺点上大做文章，经常批评孩子、指责孩子、否定孩子。更有甚者，会拿两个孩子做对比，或是将自家孩子与别人家的孩子对比，对表现好的极力表扬，对表现不好的则极力批评。这样的做法，不仅使表现不好的孩子更自卑，表现越来越差，也会使两个孩子因此而逐渐对立起来。

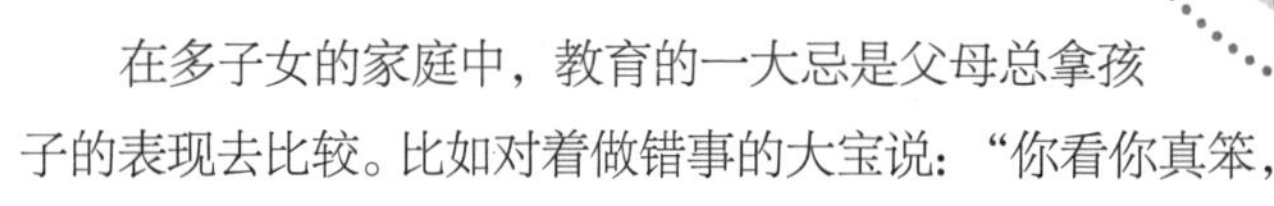


在多子女的家庭中，教育的一大忌是父母总拿孩子的表现去比较。比如对着做错事的大宝说："你看你真笨，这点儿小事都做不好，还不如给弟弟去做。"或是谁表现好谁才能得到奖励。这种"比较"最容易让孩子出现撒谎、隐藏自己的错误、推脱责任、逃避处罚等现象。

其实，对于很多父母而言，并不是真的刻意贬低表现不好的孩子，但这些有意无意的比较确实会伤害孩子。如果孩子在某一方面表现得不好，可以就事论事地指出，没有必要与另一个孩子进行比较。

除了不在家庭里比较孩子，也不要拿自家的孩子与外面的孩子做比较，而是要让孩子感到"无条件的爱"——"因为你是我的孩子，无论美丑、优秀与否，我们都会爱你"。在这种爱里长大的孩子，才会反馈出"无条件的爱"给父母，因为这就是父母教会他的怎么去爱。

## 10 接受孩子的不同和不足

每个孩子都有属于自己的独特气质和性格，虽然两个孩子来自同一母体，但气质、相貌和性格却可能完全不同。可能大宝比较好动，而二宝就显得比较文静；男孩可能比女孩对父母的依赖性更弱……这些差异是孩子与生俱来的特质，不可以作为评判孩子是非、好坏的标准。

对于家有俩宝的父母来说，需要放下自己心中的定式和偏见，学会去接纳并欣赏孩子间的差异，并避免以某种固定的标准给孩子贴上标签。除了尊重，父母也可以依照孩子不同的优势分别加以引导，让孩子从容地成长为应有的样子。

另外，孩子正处在生长发育阶段，很多东西还没有成型，可塑性非常强。更何况，谁都有犯错误的时候，更别说处在学习阶段的孩子了。作为父母，平时应多肯定孩子，即使孩子有缺点或不足，也要多引导和暗中纠正，少当面批评。尤其是在孩子犯错误时，应该理解孩子，用正常的说话语气告诉孩子该怎样做，还要告诉他不那样做的影响和后果。允许孩子犯错，才能帮孩子更快地成长。

## 11 冷静处理孩子间的冲突

随着孩子一天天成长，他们渐渐有了自己的思想，这时候两个孩子的生活才真正有了更多的交集。这个时候产生争执、不和平是正常的。只要家长放宽心态，在两个孩子的“首次战争”中立好规矩，就可以引导两个孩子建立和谐的相处之道。

### 父母尽量不介入

在孩子首次发生“战争”时，父母应明确告知他们，何种行为可以原谅，何种行为坚决不可为。在此之后，就应尽可能地在战争中选择睁一只眼闭一只眼，或者不作为。

孩子间的战争，往往家长越参与效果越差。如果父母选择责备其中的一个孩子，或者要他（她）来承担争执的全部责任，实际上就等于激化了孩子之间的矛盾。因为当父母以偏袒的方式介入孩子之间的冲突时，也就造成了更严重，并会持续一生的手足之争。所以，父母尽量不要介入孩子之间的冲突。

其实，冲突有时候并不是坏事，适当的冲突可以帮助孩子了解规则，学会如何解决问题。因此，家长在发现孩子们发生了冲突，开始争斗时，可以冷静地坐在一旁观察事态的发展，也可以若无其事地做自己的事情，不要干涉。在你能确定冲突不会引起不良后果的前提下，尽量不要干预，如果有孩子过来请你参与，你也要鼓励他自己想办法解决。

### 科学处理孩子间的冲突

当大宝与二宝之间发生了严重的冲突，家长不得不干预时，一定要采取科学的方法。

首先，父母应多关注大宝的情绪，在不伤害二宝的前提下，尊重大宝，维护大宝的威信。因为大宝曾经是家里被“独宠”的一分子，如果父母处理不当，一味地偏袒二宝，就可能使大宝认为二宝的到来剥夺了原本属于他的来自父母的爱，从而对二宝产生厌恶心理。

其次，父母可以在事后分别找两个孩子谈话，帮孩子分析问题，让他们意识到自己的问题，从而帮助两个孩子共同成长。

# 二、构建俩宝之间的和谐

多一个孩子，多出的是幸福，也多出了责任和教育问题。两个孩子能和谐相处，自然是所有二胎父母的愿望，但现实却往往事与愿违，今天为玩具争吵，明天为没有相同的棒棒糖而大打出手也是常态。聪明的父母，应该知道如何构建俩宝之间的和谐关系。

## 1 培养孩子间的手足之情

家有兄弟姐妹是一件幸福的事情，即使小时候经常吵架，长大后回忆起来也会是一种甜蜜。然而，在二宝和大宝刚刚开始相处的前几年，如何培养两个孩子间的情谊，让兄弟姐妹间的感情更好，则是对父母耐心与智慧的考验。作为父母，应该如何帮助孩子培养手足之情呢?

### 让孩子懂得手足情不可替代

在二宝出生之前，父母就可以多向大宝介绍一些关于兄弟姐妹关系的常识。如果父母有兄弟姐妹，应经常保持联系，父母与其兄弟姐妹间的友好关系，也能让孩子明白兄弟姐妹间的情谊是一种美好的关系，是其他情谊无法取代的。

在二宝出生之后，也可以在两个孩子相处的过程中，慢慢向孩子灌输有兄弟姐妹的好处，并在相处的过程中有意识地引导孩子们懂得手足情的可贵之处。

### 让孩子学会互相尊重

帮孩子建立手足之情，并维持这份感情的前提条件，就是让他们学会互相尊重。要想让孩子互相尊重，父母在其中就要做好引导。例如，当二宝想要大宝的玩具时，可以建议二宝询问大宝的意见；而当孩子犯了错误时，尽量私下沟通。这样，就可以在无形之中帮助两个孩子建立互相尊重的习惯。作为家长，切不可对着一个孩子批评另一个孩子，更不可以说“你可不能像哥哥那样调皮”之类的话。

### 让俩宝听到对彼此的赞美

兄弟姐妹之间的关系，其实很像亲子关系，因为不管对方是谁，都不是自己能够选择的，即使再怎么抱怨“为什么偏偏这家伙是我的弟弟啊”“我要是有一个像别人一样好的姐姐就好了”……也无法改变彼此之间的手足关系。所以，如何设法引导孩子拥有“我能跟兄弟姐妹生活在一起，真的很不错”“还好我有一个这样的哥哥（弟弟）”之类的想法，是身为父母的责任。

身为父母，应该协助孩子完成彼此之间的信息交换，设法帮助他们维持良好的关系。因此，父母平时可以多鼓励孩子赞美对方，并让他们听到对方的赞美。例如，当大宝主动帮助其他小朋友时，妈妈可以这样对大宝说：“姐姐真的好热心，也很乐于助人，弟弟也一直在向你学习呢！”

### 不要分得太清楚

平时给孩子购置物品时，除了衣服要分清给谁的外，其他的东西没有必要分得太清楚。否则，一旦确立了什么东西属于谁，就会造成孩子的自私心理。

确实如此，如果家长一开始就把东西分得太清楚，孩子关心的则更多的是“我的”，而当家长没有分清到底给谁时，那么孩子就自然而然会意识到这是“我们的”。当孩子想要使用某一件物品时，如果没有“我的”的概念，则会形成适合于两个人的分配规则，也可以避免发生争吵。

## 2 鼓励良性竞争

现代社会是一个竞争的社会，人们时刻处于竞争状态，孩子也会受到社会的影响，不自觉地在生活中和学习上与自己的兄弟姐妹进行比较。例如，当大宝在某一方面做得出色，获得父母表扬时，二宝也会想尽办法来做一个“优秀者”。当父母看到两个孩子在互相竞争时，心里不免会生起一丝担忧，孩子间的这种竞争是好事还是坏事呢？

### 树立良性竞争意识

竞争意识是指对外界活动所做出的积极、奋发、不甘落后的心理反应。它是产生竞争行为的前提。随着认知能力的发展和社会交往的拓展，孩子会逐渐发生一些自我理解的改变，他们会开始将自己的特点与同伴或周围的儿童进行比较。对于婴儿期的孩子来说，“我很好”就已经足够了，但对于儿童期的孩子来说，“我比其他人更好”才是重要的自尊来源。这种竞争意识迫使孩子不断前进。如果家长能适当引导，帮孩子树立良性的竞争意识，则可以帮助孩子更好地成长。

对孩子竞争意识的培养，家长要以倡导良性竞争为出发点和最终目标，教育孩子懂得良性竞争的原则。

良性竞争包括 4 个方面的内容：公平、公正、公开、公心。公平，即通过自己的实力取得胜利；公正，即明礼诚信；公开，即竞争不应是狭隘、自私的；公心，即竞争不应暗中算计别人，应齐头并进，凭自身的实力超越他人。家长要引导孩子遵循这 4 个方面的原则来进行良性竞争。

另外，要让孩子在竞争中学会合作。家长应认识到创造、发展这个世界不仅要靠竞争，还要有合作，要让孩子在竞争中学会合作。

### 培养孩子树立健康的竞争意识

家长要教育孩子正确对待竞争中的得与失，要引导孩子明白，虽然自己在某一方面不如自己的兄弟姐妹，但可以以此向他学习，和他一同成长。作为家长，也应树立积极的心态，不可在手足间的竞争过程中表现出明显的偏好，而是努力教育孩子手足情的重要性，引导孩子学习对方的优点。

### 鼓励孩子取长补短

人无完人，每个人都有长处，也都有短处。通过兄弟姐妹间的竞争，可以帮助彼此发现自己的优点和不足，更有助于完善自己。

在生活中，父母应该引导孩子不要对兄弟姐妹怀有敌对的心态，而应视其为学习的动力、目标和榜样。兄弟姐妹间的竞争应以积极学习对方的优点，使自己不断成长为主。

## 3 理性处理“告状”

在二宝出生之后，很多问题也随之而来，其中不乏经常出现的俩宝间的冲突。当两个孩子发生冲突之后，当二宝泪眼婆娑地来向你“告状”，你是会冷静处理，还是不分青红皂白地斥责大宝或二宝一番？聪明的家长又该如何正确处理孩子们的“告状”？

### 正确认识“告状”行为

孩子的“告状”大致可以分为两种情况：一是与兄弟姐妹发生冲突了，希望得到父母的支持，以挽回自己的不利局面；二是看到兄弟姐妹犯了错误，急于向父母“揭发”，以期父母对是非进行判断或者寻求关注。一般来说，孩子“告状”的原因有以下几点。

**原因一：心理学上的“正常现象”**

爱“告状”在幼儿期比较明显，这是心理发育和人际发展的一个阶段性的正常现象，随着年龄的增长，这种现象会自然减少并消失。幼儿时期的“告状”是孩子逐渐开始与人交往，开始沟通和表达的一种方式，是孩子成长过程中的一种正常现象。

**原因二：寻求父母的帮助**

大宝和二宝之间可能会因为相互争夺玩具、零食或父母而引发冲突，当孩子无法通过自己的方式解决时，尤其是二宝，就会向父母“告状”，希望获得父母的帮助。

**原因三：吸引注意力**

小孩都希望得到父母的关注。当家里有两个孩子时，一部分孩子可能因为家长精力有限而感觉自己被忽视了，因此就会用“告状”的方式来引起家长的关注。

### 当孩子有这种行为时该如何处理

3～6岁的孩子对周围事物的评判标准大多取决于父母，而到了一定阶段后，他们就具备了自我评价的意识，有了自己的评判标准。因此，对于孩子“告状”的行为，父母应妥善处理，以免影响孩子健康心理的形成。

认真倾听，了解情况。当孩子来“告状”之后，家长即使面对争执，也要保持冷静，认真听孩子诉说。如果小宝一时间无法清楚地表达，父母可以用提问的方式引导他回想事情发生的经过，并适当安慰他。但很多时候，事实或许并不是某个孩子说的那样，父母应客观分析问题，全面、细致地了解事实，并用不偏不倚的态度去判断、解决矛盾和冲突，不能用“你好烦”“不要告状”之类的话来敷衍孩子。

教孩子学习与人相处的方法。家长要用言语、故事、动画片、漫画人物等方式，用积极、正面的形象培养孩子诚实、勇敢、敢作敢当的可贵品质，教孩子如何与兄弟姐妹相处。

给孩子足够的陪伴和关爱。二胎时代，也存在父母精力有限，宝宝情绪被忽略的情况。爸爸妈妈要尽量协调好与大宝和二宝相处的时间，协调好工作和照料孩子的时间。另外，也要尽可能地与老人沟通，及时发现孩子的问题，并给予足够的关注。

## 4 给俩宝创造友爱相处的机会

要想让家里的两个孩子亲密、友爱地相处，爸爸妈妈就应该给俩宝创造更多和谐相处的机会。例如，当大宝在玩玩具时，妈妈可以抱着二宝过来与大宝一起玩，让大宝表演给二宝看，小孩子的表现欲望非常强烈，当大宝展示过后，妈妈可以抱着二宝拿起小手一起拍手叫好，在这个过程当中，不仅使大宝与二宝的关系拉近了，而且整个家庭的亲子关系也会因此而拉近。总而言之，要给俩宝多创造一些友爱相处的机会，可以多鼓励大宝带着二宝一起玩游戏。